国家公益性行业科研专项“珍珠养殖技术研究与示范”
（200903028）研究成果之一

珍珠养殖环境资源效应研究

ZHENZHUYANGZHIHUANJINGZIYUANXIAOYINGYANJIU

刘修礼　魏　琳　查大元◎著

江西人民出版社
Jiangxi People's Publishing House
全国百佳出版社

目 录

导言 ……………………………………………………………… (1)

第一章 珍珠生产特点与地位 ……………………………… (4)
一、珍珠及其发展史 ……………………………………… (4)
(一)珍珠的形成与种类 ……………………………… (4)
(二)珍珠的质地与用途 ……………………………… (6)
(三)珍珠研究与发展史 ……………………………… (7)
二、珍珠生产特点及产业系统 …………………………… (9)
(一)珍珠生产特点 …………………………………… (9)
(二)珍珠产业体系 …………………………………… (13)
三、珍珠养殖功能与影响 ………………………………… (15)
(一)珍珠养殖功能 …………………………………… (15)
(二)珍珠养殖的影响作用 …………………………… (16)

第二章 珍珠养殖环境及其作用机理 ……………………… (21)
一、珍珠养殖环境与资源 ………………………………… (21)

(一)自然环境及其资源 …………………………… (22)
(二)社会环境及其资源 …………………………… (26)
(三)区际发展环境 ………………………………… (30)
二、环境资源对珍珠养殖的作用机理 ……………… (30)
(一)环境资源的特性 ……………………………… (31)
(二)环境资源对珍珠养殖的作用 ………………… (33)
三、珍珠养殖资源的开发与利用 …………………… (40)
(一)开发利用目标与原则 ………………………… (40)
(二)开发利用方式与途径 ………………………… (41)
(三)开发利用机制 ………………………………… (42)

第三章 珍珠养殖环境调查与分析 ……………………… (44)
一、问卷调查概况 …………………………………… (45)
二、珍珠养殖基础条件分析 ………………………… (46)
(一)生态环境条件 ………………………………… (46)
(二)人口与劳动力 ………………………………… (51)
(三)生产资金 ……………………………………… (55)
(四)养殖技术 ……………………………………… (58)
(五)生产经营方式 ………………………………… (61)
(六)政策环境 ……………………………………… (62)
(七)社会习俗 ……………………………………… (63)
三、珍珠养殖经营能力分析 ………………………… (65)
(一)养殖能力 ……………………………………… (65)
(二)储运加工能力 ………………………………… (71)
(三)营销能力 ……………………………………… (72)
四、结论 ……………………………………………… (74)

第四章 珍珠养殖生产要素效益分析 …………………………………… (78)
一、珍珠养殖收益概况 ………………………………………………… (79)
(一)珍珠养殖产量 ……………………………………………… (79)
(二)珍珠养殖收入 ……………………………………………… (79)
二、生态环境效益 ……………………………………………………… (84)
(一)区位效应 …………………………………………………… (84)
(二)水生态效益 ………………………………………………… (85)
三、养殖水池和面积效益 ……………………………………………… (87)
(一)养殖水面效益 ……………………………………………… (87)
(二)养殖水池效益 ……………………………………………… (89)
四、劳动力投入效益 …………………………………………………… (91)
(一)劳动生产率分析 …………………………………………… (91)
(二)珍农素质效应 ……………………………………………… (94)
五、经济技术投入效益 ………………………………………………… (95)
(一)资本贡献率 ………………………………………………… (95)
(二)科技贡献率 ………………………………………………… (98)
六、结论 ………………………………………………………………… (99)

第五章 珍珠产业发展问题与趋势分析 ……………………………… (101)
一、珍珠养殖生产问题 ……………………………………………… (101)
(一)生态保护问题 ……………………………………………… (101)
(二)生产能力问题 ……………………………………………… (103)
(三)产品增值问题 ……………………………………………… (104)
(四)区际发展问题 ……………………………………………… (106)
二、珍珠产业发展趋势分析 …………………………………………… (107)
(一)珍珠产业发展环境因素影响力分析 ……………………… (110)

（二）珍珠生产加工趋势分析 ……………………………… （114）
（三）珍珠产业国际竞争能力分析 ………………………… （121）
三、珍珠养殖主体意愿分析 ……………………………………… （123）
（一）珍珠养殖户意愿 ……………………………………… （123）
（二）珍珠养殖场意愿 ……………………………………… （125）
四、结论 ………………………………………………………… （125）
（一）珍珠养殖生产问题方面 ……………………………… （125）
（二）珍珠产业发展前景方面 ……………………………… （126）
（三）珍珠养殖主体经营意愿方面 ………………………… （127）

第六章　珍珠养殖资源效益提升策略 ……………………… （129）
一、优化珍珠养殖区，打造珍珠产业核心区 ………………… （129）
二、发展循环农业，提高珍珠养殖资源利用水平 …………… （132）
三、注重技术创新与应用，增强珍珠养殖资源产出能力 … （135）
四、促进珍珠养殖产业化经营，提升珍珠养殖资源开发
综合效益 ………………………………………………… （137）
五、积极筹措优化配置资源，夯实珍珠养殖可持续发展
能力 ……………………………………………………… （140）

第七章　主产区珍珠产业可持续发展的思路与对策 ……… （142）
一、生态经济发展战略对珍珠产业发展的影响 ……………… （142）
（一）鄱阳湖生态经济区发展战略对珍珠产业发展
提出了新要求 ……………………………………… （143）
（二）鄱阳湖生态经济区发展战略对珍珠产业发展
创造了有利条件 …………………………………… （144）
二、珍珠产业可持续发展的问题与原因 ……………………… （145）

(一)珍珠市场震荡频繁,击碎珠农创业期望 ……… (145)
(二)珍珠污染限产,点面拓展受阻 ……………… (146)
(三)珍珠产业地位弱化,缺少有生力量支持 ……… (146)
(四)珍珠加工度和集中度不高,缺乏增值能力和发展后劲 …………………………………………… (147)
(五)珍珠人才流失,产业发展维艰 ……………… (147)
三、珍珠产业可持续发展的基本思路……………… (148)
(一)资源产业化 ………………………………… (148)
(二)生产生态化 ………………………………… (149)
(三)产业多元化 ………………………………… (149)
(四)品牌国际化 ………………………………… (150)
(五)基地规模化 ………………………………… (150)
四、珍珠产业可持续发展的对策…………………… (150)
(一)加大引导扶持力度,提升珍珠产业地位 ……… (151)
(二)做大做强产业链,提高珍珠产业增值能力和竞争力 ……………………………………………… (152)
(三)增强产业循环和生态补偿意识,促进珍珠产业与生态协调发展 …………………………………… (153)
(四)强化人才建设和技术开发,提高珍珠技术含量 …………………………………………… (154)

主要参考文献 …………………………………………… (156)

后记 …………………………………………………… (159)

导　言

“珍珠”一词，既出现在物质的命名之中（如：珍珠鸡），也用于地域的命名（如：珍珠岛）。本书叙及的珍珠是一种水生生物体之物名，它是蚌贝体内产生的一种色质夺目的固体物质。

珍珠，古今有之，中外有之，自被人类发现以来，一直被视为奇珍异宝。珍珠由于晶莹剔透、坚硬精美，具有很强的珍藏性、观赏性，显见的美容价值、药用价值，而广受人们青睐。

我国是世界珍珠采集和养殖比较早的国家，也是世界珍珠生产大国，珍珠养殖产量占世界总量的九成多。珍珠养殖业的广泛发展，既为农村劳动力提供了就业空间，也给珍珠养殖户、养殖企业增加了收益，同时成就了一大批珍珠加工贸易企业，拓展了珍珠养殖加工区税源。我国许多地方尤其是长江中下游和东南沿海水源充足地区都将珍珠养殖作为一项重要产业加以发展。

我国珍珠养殖面积大、产量多，但是珍珠优质率不高，增值能力不强的现象较为突出，在世界珍珠产销格局中处于一种“生产量占九成，贸易额不足一成”的尴尬境地，国际竞争力还很脆弱，其中的缘由很多，既有生态、品质方面的原因，也有技术、投入、管理、推介等方面的原因，需要仔细分析，深入研究，逐一化解。

本书采取理论与实证研究、定性与定量分析相结合的方法，从生态环境和产业经济的角度全面系统地研究珍珠养殖环境状况和效益问题，深入探讨珍珠养殖生态与经济良性循环发展问题，提出珍珠养殖增产增收的发展思路和对策建议，以便于政府部门指导珍珠生产，以利于珍珠企业和农户发展珍珠生产，进而促进我国珍珠事业繁荣昌盛。

本书按照理论分析——实证研究——破解问题的三步骤分析研究珍珠养殖环境及其效应问题，即在详细阐述珍珠养殖的特点、地位和环境作用机理之后，用大量的珍珠养殖户和养殖场调研数据，分析论证环境资源对珍珠养殖的影响及其效应，寻找珍珠养殖问题、成因和发展空间，提出珍珠养殖的出路和保障措施。

本书共由 7 章构成，主要内容分别为：

第一章：珍珠生产特点与地位。简要介绍了珍珠的形成、种类、质地和用途，概述了珍珠发展历史、生产特点及其产业体系构成，阐述了珍珠养殖功能及其影响作用。

第二章：珍珠养殖环境及其作用机理。从区内自然、人文和区际发展三个方面叙述了影响珍珠养殖的环境因素、资源特点及其作用机理，以及珍珠养殖环境资源开发利用中应注意的问题。

第三章：珍珠养殖环境调查与分析。以珍珠主产区的养殖户为调查对象，收集反映珍珠养殖环境和效应的基础数据，从生态、人口与劳动力、资金技术、水资源、政策等方面分析了主产区珍珠养殖环境基本情况，分析了主产区珍珠养殖生产经营能力。

第四章：珍珠养殖生产要素效益分析。在描述主产区珍珠养殖产量、效益基本情况上，具体分析了区位效应、生态环境效益以及劳动力投入效益、经济技术投入效益。

第五章:珍珠养殖产业发展问题与趋势分析。从生态保护、生产能力、产品增值、区际发展四个方面论述了珍珠养殖生产中存在的问题,从珍珠养殖环境因素、珍珠生产加工、珍珠产业国际竞争地位以及珍珠养殖主体意愿等方面探讨了珍珠养殖产业发展趋势和前景。

第六章:珍珠养殖资源效益提升策略。针对珍珠养殖中存在的问题、发展趋势,从要素投入、资源配置、结构优化、经营方式、核心区建设、产业化发展等方面提出了提高珍珠养殖资源效益的方略。

第七章:主产区珍珠产业可持续发展的思路与对策。以江西为例,探讨在生态经济发展战略建设过程中,珍珠产业的可持续发展问题及其对策。

在珍珠养殖环境资源效应的具体分析过程中,发现一些应引起思考和重视的问题。比如:理论上讲,劳动者文化程度高,收入也高;珍珠养殖地离县城(或市区)近,区位优势较明显,收益会高一些;珍珠养殖池连片,易于管理,效益会好一些等等,但是在珍珠养殖生产实践中却并非如此。对此,书中作了一些粗浅的分析,提出了一些粗浅的看法,希望抛砖引玉,得到读者的赐教,以便于以后深化这方面的研究。

第一章

珍珠生产特点与地位

珍珠，古今有之，中外有之，自被人类发现以来，一直被视为奇珍异宝。珍珠，正因为珍贵，达官贵人乐此不疲地欣赏、珍藏它，劳动大众千方百计地、持续不断地采集、生产它，从而渐渐成为一个产业服务于人类社会。

一、珍珠及其发展史

（一）珍珠的形成与种类

1. 珍珠的形成

远古时期，人们认知自然世界的能力很弱，认为珍珠是露滴、电光、泉神眼泪进入贝体形成的，迷信色彩、唯心意识很浓。历史发展到16世纪，才有人对珍珠的成因进行深入研究，作出科学解释，逐步有异物及寄生虫成因说、珍珠囊说、外套膜小片体内移植说和表皮细胞变性原因说。[①] 珍珠是“由于某种原因而在贝体内形成珍珠囊(Pearl sack),再由其表皮细胞分泌珍珠质包裹累积”而成的,[②]概括而言,有六种情形[③]:一是自然生活的蚌类,因砂粒、虫卵等外物侵入外套膜内,形成珍珠囊,分泌珍珠质,形成天然有核珍珠;二是侵入的外物过大,粘在蚌壳上,外表皮细胞向其分泌珍珠质,形成附壳珍珠;三是蚌体内并无外物侵入,而是外套膜部分外表皮细胞因某种原因落入外套膜结缔组织中,形成珍珠囊,分泌珍珠质,形成无核天然珍珠;四是制备外套膜外表皮小片,用工具将它移植另一蚌的外套膜结缔组织中,形成珍珠囊,分泌珍珠质,形成人工无核珍珠;五是用其他蚌的壳制作球形珠核,将其植入蚌外套膜结缔组织中,并用一外套膜外表皮小片贴之,形成珍珠囊,分泌珍珠质,形成大而圆的人工有核珍珠;六是根据天然附壳珍珠形成的原理,在外套膜与贝壳之间植入一定形状的外物,形成人工异形珍珠。

2. 珍珠的种类

珍珠的种类很多,可以从多个角度进行分类[④⑤⑥⑦]:

(1)按珍珠形成分,有:天然珍珠、养殖珍珠即人工珍珠。

(2)按珍珠构造分,有:有核珍珠、无核珍珠。

---

① 张永滨. 珍珠[M]. 北京:海洋出版社,1984年3月第1版,第7页。

② 张元培. 淡水珍珠养殖技术[M]. 长沙:湖南科学技术出版社,1982年3月新1版,第31页。

③ 吴宗文,曾和期,江述秋. 珍珠养殖[M]. 成都:四川人民出版社,1981年3月第1版,第29-31页。

④ 张元培. 淡水珍珠养殖技术[M]. 长沙:湖南科学技术出版社,1982年,第44-46页。

⑤ 吴宗文,曾和期,江述秋. 珍珠养殖[M]. 成都:四川人民出版社,1981年,第31-32页。

⑥ 吴县水产局珍珠组. 河蚌育珠[M]. 江苏科学技术出版社,1979年11月第2版,第32-34页。

⑦ 张莉. 中国珍珠产业振兴研究[M]. 北京:中国经济出版社,2004年7月第1版,第7-12页。

(3)按产出水域分,有:淡水珍珠、海水珍珠。

(4)按珍珠品质分,有:珍珠质珍珠、异质珍珠。珍珠质珍珠又有单色珍珠、彩色珍珠之分;异质珍珠也有有机质珍珠、棱柱层珍珠、复合珍珠三种。

(5)按珍珠形态分,有:球形珍珠、半球形珍珠、卵形珍珠、圆筒形珍珠、不正形珍珠、双子珍珠、分裂珠等。

(6)按珍珠用途分,有:工艺珠、药用珠。

(7)按珍珠大小分,有:分粒珠、细珠、小珠、中珠、大珠、特大珠等。

(8)贝类以外的珍珠,有:龙珠、蛇珠、鱼珠、鲛珠、龟珠等。

(二)珍珠的质地与用途

1. 珍珠的质地

珍珠大小轻重不一、形态色彩各异。有资料显示,珍珠大者 10 多毫米,小者不足 2 毫米。最大淡水珍珠重达 30.6 克,最大海水珍珠重达 117.1 克。珍珠硬度 3.5 ~ 4.0,兼于铜铁之间。珍珠比重 2.7 左右,劣质珍珠比重较低,一般 2.0 左右。珍珠有一定弹性,一颗圆珠从 1 米高度自由落在玻璃板上,可弹跳 35 ~ 40 厘米,优质珍珠弹跳性较好。珍珠颜色有白色、粉红色、黄色、蓝色等。光泽优良的珍珠会发出闪亮珠光,不同角度视之,色调各异。珍珠结晶为霰石。珍珠成分主要为碳酸钙和有机物,淡水珍珠含碳酸钙 91.59% ,有机物 3.83% ,水分 3.97% ,其他 0.81% 。①

2. 珍珠的用途

珍珠有着特殊的物理性质和化学成分,常被人们用于工艺装饰、

① 张元培. 淡水珍珠养殖技术[M]. 长沙:湖南科学技术出版社,1982 年,第 31 – 37 页。

美容化妆和药物治病。具体而言，珍珠的价值用途主要表现在三个方面[①②]：

一是珍珠光泽性好、坚硬精美，常加工制作成各式各样的工艺美术品和装饰品。产品有珍珠项链、珍珠屏风、珍珠塔等。优质、大而圆的珍珠晶莹绚丽，极为稀少，十分名贵，多制作高档饰品。古代的皇冠、珮服用之装饰，体现穿戴者的高贵与威严。

二是珍珠富含氨基酸，可被人体表皮细胞吸收，有润肤保养之功效，常用于美容化妆、润泽肌肤。产品有珍珠粉、珍珠霜等。

三是珍珠性味甘、咸、寒，含有镁、锰、铜、碘、磷等多种元素和碳酸钙、氧化钙等化合物以及十几种氨基酸，有平肝、定惊、安神、解毒、生肌之功效，常用作药物治疗疾病，属名贵中药材。产品有六神丸、镇惊丸、珍珠散、珠黄散等。

市面上天然珍珠很少，多为人工珍珠。不同类型的珍珠，其价值用途不同，比如：无核珍珠一般粒小、不圆、易产，多做药用、化妆品；有核珍珠通常粒大、形圆、难产，一般不作药用，多用作工艺品、装饰品。[③]

（三）珍珠研究与发展史

珍珠业的发展，早先是采集、捕捞与加工，产品多供皇室贵族享用，后来才有人工培育和生产经营，走向民众化消费。据史料记载，中国是珍珠采捕和利用最早的国家之一，4000 年前就有珍珠用作贡品和装饰品，1000 年前有珍珠用作药物，宋代发明珍珠养殖法。尽管珍珠养殖的发明有数百年历史，但是直到 20 世纪中叶，珍珠生产仍然以采捕为主，产量急剧下降，“北珠”几乎绝产，“南珠”产量不高。1958 年

---

① 张永滨. 珍珠[M]. 北京：海洋出版社，1984 年，第 49 – 59 页。
② 张莉. 中国珍珠产业振兴研究[M]. 北京：中国经济出版社，2004 年，第 13 – 26 页。
③ 吴宗文，曾和期，江述秋. 珍珠养殖[M]. 成都：四川人民出版社，1981 年，第 32 页。

周恩来总理指示:“要把千百年落后的自然捕珠改成人工养殖。”珠农们在沿海、内河、湖泊水域广建珍珠养殖场。人工培育珍珠、人工孵化珍珠贝研究成功。海贝育珠、河蚌养珠产业有了长足发展。① 2003 年中国海水珍珠产量 30 吨,淡水珍珠产量 1200 吨;2005 年珍珠产量达 1500 吨,占据全球产量 95% 以上,其中淡水珍珠产量占全世界淡水珍珠产量的 99% 。②

国外珍珠的发现、研究和生产也有较长的历史。“波斯湾等地天然珍珠被发现,恐怕有三四千年历史,然而大规模地开发应用这珍珠,只有几百年,充其量不超过千年……大约在公元前 200 年,古埃及贵族才会使用珍珠首饰品,而欧洲人则在公元 300 年才懂得使用珍珠。”③18 世纪中叶,瑞典博物学家林奈对珍珠的形成进行了深入研究,发明了河蚌珍珠养殖法,比中国珍珠养殖法的发明晚 500 年。19 世纪有人对珍珠进行解剖研究,提出了异物、寄生虫成因说和珍珠囊学说。20 世纪初日本的见濑辰平、西川藤吉以及 Alverdes、Carl 等人经过研究和实践创立了外套膜片体内移植学说和表皮细胞变性原因学说,人工珍珠养殖获得成功。④ 这个时期的御木本幸吉既对珍珠养殖进行研究,开设了世界第一家珍珠养殖场,生产出了正圆珍珠,获得专利权,又创办了日本第一家珍珠珠宝工厂——MIKIMOTO 珠宝厂,建立一套产品质量体系,进行设计、加工、销售,制作世界一流的饰物,经营管理珍珠生产,被誉为“珍珠之王”。⑤

从世界范围来看,目前珍珠生产地主要集中在中国、日本、澳大利

① 张永滨. 珍珠[M]. 北京:海洋出版社,1984 年,第 12 - 14 页。

② 曹昌,喻向阳. 中国珍珠业陷入“高产低值”沼泽[J]. 中国经济周刊,2006 年第 26 期。

③ 真珠. 漫话珍珠史[N]. 中国矿业报,2002 年 10 月 30 日,第 3 版

④ 张永滨. 珍珠[M]. 北京:海洋出版社,1984 年,第 7 - 11 页。

⑤ Mimi. 珍珠之父——御木本幸吉. 中国黄金珍宝,2005 年第 4 期,第 74 - 79 页。

亚、菲律宾、印度尼西亚、波利尼西亚及库克群岛等，消费地集中在美国、日本、欧洲共同体、加拿大、印度、沙特阿拉伯、黎巴嫩等，加工集散地主要在日本、印度等，转口市场在香港。无论淡水珍珠还是海水珍珠，各产珠国都在积极养殖生产，产量和品质也在不断提高。①

二、珍珠生产特点及产业系统

（一）珍珠生产特点

珍珠的育成是在蚌贝生物体内进行的，其生产属于水生物生产范畴，具有农业生产特性。然而，珍珠又是水生物产出的特殊物品，除少部分用作药物和美容外，绝大部分是作为珍宝供人们使用的，具有珍宝生产特点。

1. 具有农业生产特性

珍珠生产是一个生物养殖生产过程，是一个自然再生产和经济再生产的过程，具有以动植物为生产对象的农业特点：

（1）地域性。蚌贝是水生物，在生长过程中对环境条件有严格要求，并不是在任何环境条件都能生存的，只有在适宜的自然环境条件才能茁壮成长。自然条件具有明显的地域性，山区与平原、陆地与海洋、南方与北方，环境条件大为不同。比如：在水源方面，山区地表储水少，平原江河湖泊多、储水多，海洋则是水的世界；气温方面，纬度高的地区，温度低，甚至极为寒冷，纬度低的地区，温度高，甚至极为酷热。地域不同，水气差异明显。蚌贝生长离不开水，且要适宜的水温。如："三角帆蚌和褶纹冠蚌的最适水温为20℃～35℃，8℃开始休眠，

① 张莉．中国珍珠产业振兴研究［M］．北京：中国经济出版社，2004年，第201－202页。

38℃表现出热昏迷。"[①]这意味着珍珠养殖并不是在任何地区都是可以开展的，具有显著的地域性。

(2)季节性、周期性。自然界，春、夏、秋、冬，光、热、水、气不同，且有明显的循环性、周期性。相应地，珍珠生长也具有明显的季节性、周期性。一年中2—5月为珍珠的第一次生长季节，5—6月为育珠蚌产卵排蚴季节，6—12月为珍珠的第二生长季节，这一季节也是珍珠生长最快的季节，12—2月为珍珠质的分泌近于停止，跨过这个季节，珍珠又开始进入新的生长季，周而复始、循环往复。珍珠采收也宜于珍珠质停止分泌的冬季进行，而不宜在珍珠质分泌仍处旺盛的秋季进行，否则，不仅严重影响珍珠产量，而且易被氧化变质。[②]

(3)再生性。珍珠是在蚌贝体内成长的。无论有核珍珠，还是无核珍珠，在蚌贝体内生长若干年便可取出来，成为有使用价值和价值的商品。蚌贝是有生命的生物，具有繁衍生息的天然功能。人类依照蚌贝的生长机理，可以不断繁殖蚌贝，不断培育珍珠。因此，珍珠不像自然界中的矿物质(如金、银等)那样采完便不可再生，而是像粮食、鱼虾那样，即使采完，也还可通过人类的劳动进行再生产。当然，一些大珍珠，由于技术要求高，繁育时间长，再生性存在一定难度。对一般珍珠而言，其繁育再生还是比较容易的。

(4)综合性、多样性。珍珠养殖，除获取主产品——珍珠外，还可取得大量的副产品——蚌肉和蚌壳。蚌肉可作人类的美食之品，蚌壳可加工成工艺品或饲料。也就是说，珍珠养殖在同一过程、同一时段、同一空间可以获取多种产品，产品的丰富性、多样性明显。再者，珍珠养殖是在水面上进行的，水体依然可以用于鱼、虾等水生物的生产。

① 张元培. 淡水珍珠养殖技术[M]. 长沙：湖南科学技术出版社，1982年，第217页。

② 张元培. 淡水珍珠养殖技术[M]. 长沙：湖南科学技术出版社，1982年，第325－329页。

在珍珠养殖所用的水域里既可从事立体水产业生产，又可发展多种形式的渔业经济。在水资源的利用上，珍珠养殖生产也具有显见的综合性。

(5)不稳定性。珍珠养殖离不开光、热、水、气。一年四季以及不同年度间，自然气候变幻莫测，光、热、水、气分布不均，给珍珠养殖生产带来很大的影响和不稳定性。风调雨顺，珍珠丰收，干旱水灾，珍珠歉收。珍珠产量时高时低现象较为突出。

2. 具有珍宝生产特点

珍珠晶莹剔透、坚硬如铁、价值很高，广受人们喜爱和珍惜。自古以来，上至皇宫贵族、下至平民百姓，乐意收藏珍珠，把它当作珍宝加以珍藏和流传。前述已知，珍珠具有再生性，但是不同级别的珍珠，再生难易程度差异明显：小珍珠、普通珍珠容易繁育，再生性高，数量较多，珍藏性较差；大珍珠、高档珍珠，尤其特大珍珠不易培植，难以再生，数量稀缺，珍藏性高，堪称奇珍异宝，它的生产具有金银、宝石等珍宝经营方面的特点：

(1)稀少性。在珍珠养殖技术发明之前，珍珠来源于天然，数量极少，异常珍贵。自从珍珠可以人工培育以来，人们可以较大规模地生产它，但是高档珍珠的培育并不能随心所欲，需要很好的环境和条件，讲求“天时、地利、人和”。即使具备良好的养殖条件和技术，优质珍珠也只占采收总量的15%左右。[①] 极品珍珠是非常稀少的。

(2)艰巨性。高档珍珠的生产会受到自然气候、生态环境、经济技术等多方面因素的约束，并非仅靠人力所能为的。这类珍珠的生产异常艰难，难于上青天。“用人工的方法培育出具有大直径、大重量的名珠是很困难的……若达到直径10毫米左右，重量10克左右，就可成

① 吴县水产局珍珠组. 河蚌育珠[M]. 江苏科学技术出版社，1979年第2版，第80页。

为'稀世之珍'"①。天然优质珍珠更是踏破铁鞋无觅处,得来也要费工夫。

(3)高投入、高增殖性。珍珠养殖时间可长可短,1~2年可取,2~3年可取,3~5年也可取,有的长达8年才取。② 一般而言,养殖时间短,珍珠体积较小,价值较低;养殖时间长,珍珠个头大,价值较高,不过投入的资金和劳动也相对较多,技术管理要求也较高。换句话说,珍珠养殖时间越长,技术要求越高,追加的投入也越多,获得大珍珠、高档珍珠、极品珍珠的可能性越大,这类珍珠在市场上的价格是呈几何级数攀升的,远非普通珍珠所能比拟的。世界上最大一颗天然珍珠——真主珠,1980年在美国售价达20万美元。③ 价格昂贵,远超黄金白银。珍珠生产经营要有一定经济实力,是一项高投入、高回报的作业活动,属于资金密集型和技术密集型产业。

3. 其他经营特征

珍珠生产是一项社会经济活动。从当前乃至今后一段相当长的时期内,我国的珍珠生产养殖除上述特征,尚有如下特点:

(1)分散性。珍珠生产的分散性具体表现在两个方面:一是我国内陆水域分布零散,珍珠养殖水域也七零八落。除西部少数几个省外,其余省份均有珍珠养殖,但养殖面积普遍不大,且散落在众多的县、市、区中。仅南方沿海的海水珍珠养殖和内陆的太湖、洪泽湖、鄱阳湖、洞庭湖等湖泊的淡水珍珠养殖面积相对较大;二是我国农村经营管理体制,普遍实行的是家庭联产承包责任制。农村水域即使集中连片、面积相对较大,也基本由单个农户、小经营个体分包或联合经营,作业分散,随意性较大,有的养殖鱼虾,有的养殖蚌贝,有的鱼蚌混

① 张永滨. 珍珠[M]. 北京:海洋出版社,1984年,第61页。
② 张莉. 中国珍珠产业振兴研究[M]. 北京:中国经济出版社,2004年,第131页。
③ 张永滨. 珍珠[M]. 北京:海洋出版社,1984年,第49页。

养，欠缺珍珠集聚化、规模化生产。

(2)弱小性。珍珠养殖在我国已有千年历史，但时至今日，珍珠养殖加工能力、增值能力、竞争能力仍然脆弱。尽管我国珍珠产量占世界总产量的95%以上，但产值却不到一成。① 珍珠生产品位不高、档次不高，增值性和竞争性不强。不仅如此，珍珠产业在国民经济产业体系中也还称不上支柱产业，尚属微型产业；在国家、省、市统计年鉴乃至农业年鉴中尚没有将珍珠养殖面积、珍珠产量和产值列入重要指标体系之中，其重视程度还不算高，微小境地明显。

(二)珍珠产业体系

珍珠生产包括产前、产中、产后三个环节，每个环节都有生产、交换、流通、消费活动，是一个从生产资料供应→养殖、加工→消费依次渐进或循环往复的发展过程。生产资料供应是基础，消费是目的，而珍珠养殖、珍珠加工是珍珠生产的关键环节，是珍珠发展的重点产业领域，珍珠产量的高低、品质的好坏、增值的多少，基本在这两个环节中得以体现。

1. 珍珠养殖业

珍珠养殖是将某种材质(如：外套膜外表皮小片、贝壳珠核)植入蚌贝体内以生产珍珠的养殖过程。这一过程是生产无核珍珠或有核珍珠的关键，也是生产大小珍珠，提高珍珠品质和产量的关键。不同的材质生产不同种类的珍珠。以外套膜外表皮小片植入方式生产的珍珠为无核珍珠，珠较小，便于药物生产或化妆品制作使用；以贝壳制作珠核而生产的珍珠为有核珍珠，珠较大且有形，一般供作工艺品或

① 曹昌，喻向阳. 中国珍珠业陷入“高产低值”沼泽[J]. 中国经济周刊，2006年第26期。

装饰品制作所利用。[①②] 珍珠养殖牵涉植核、饲养、采珠等环节,每一个环节又有不同的操作方式和规程,方式、程序不同,产量和质量也不同。

2. 珍珠加工业

珍珠从蚌贝体内取出、清洗后,直接进入消费领域的数量极少,一般都要经过加工处理才会进入消费领域。珍珠加工包括两个方面的内容:一是物理加工,即打孔、切削、剥皮、抛光等;二是化学加工,即用化学药品漂白、染色和去污等。[③④] 用途不同的珍珠,其加工方式不同。对装饰性珍珠而言,其加工程序主要有:钻孔、切削、剥皮、串珠、用超声波去除附着物等。[⑤] 珍珠的加工利用,就是对原珠进行艺术加工处理,进行多用途、新用途开发,以满足和适应人们的消费需要,提升原珠价值。在现代社会和市场经济发展中,珍珠加工利用根据终端市场的需要,进行产品开发和设计,显得尤为重要。同样的一个或若干珍珠,经过不同的艺术加工和利用开发,其品相和价格大为不同。

3. 珍珠服务业

珍珠服务业属于国民经济体系中的第三产业范畴,是为珍珠生产、加工提供信息、物流等支持的产业领域。其涉及范围非常广泛,主要有养殖加工技术、信息、金融、物资服务及其产品储运、营销服务等。每个服务业又包含多个子行业。比如技术服务,既有技术研发,又有技术营销和推广。信息服务既有信息采集、处理加工,又有信息传送和接收活动。物流业又包括收购、贮藏、运输、包装、销售等多项活动,

---

① 吴县水产局珍珠组. 河蚌育珠[M]. 江苏科学技术出版社,1979 年第 2 版,第 33 页。

② 吴宗文,曾和期,江述秋. 珍珠养殖[M]. 成都:四川人民出版社,1981 年,第 32 页。

③ 吴宗文,曾和期,江述秋. 珍珠养殖[M]. 成都:四川人民出版社,1981 年,第 65 页。

④ 吴县水产局珍珠组. 河蚌育珠[M]. 南京:江苏科学技术出版社,1979 年第 2 版,第 80 – 81 页。

⑤ 吴宗文,曾和期,江述秋. 珍珠养殖[M]. 成都:四川人民出版社,1981 年,第 65 页。

它们是生产工具和劳动对象导入珍珠养殖、加工中不可或缺的环节，是珍珠养殖品和加工转化品进入消费领域的必要环节。良好的购销组织、有效的营销方式、健全的物流设施，是实现珍珠快速发展、便捷流通的必要条件。

珍珠养殖是珍珠生产发展的根本。没有珍珠养殖，就没有珍珠加工、流通和消费，生产资料、劳动力对珍珠生产领域的供应也就失去价值而显得毫无意义。当然反过来它们对珍珠养殖也有很大的帮助作用。加工、流通可以使养殖出来的珍珠实现增值，消费可以使养殖的珍珠体现价值，实现价值，生产资料、劳动力可以相应为珍珠养殖提供物质基础和人力保障。

三、珍珠养殖功能与影响

(一)珍珠养殖功能

珍珠养殖作为一项产业活动，对自然改造、经济发展、社会活动、文化传承、生态改良都有一定的功能和益处。

1. 开发利用资源

资源包括自然资源和人工资源两大类。这些资源能否转化为人类社会的财富，需要经过人类的劳动才能得以实现。珍珠养殖作为人类的水产作业活动，要充分利用自然界中的水资源和贝类资源，充分利用信息、技术和人力等资源。人类繁育、养殖珍珠，实质上是一个将水、贝、信息、技术和劳动力等资源转化为社会产品的过程。水资源和贝类资源越丰富的地区，珍珠养殖的这种开发、利用资源的功能越显著。

2. 生产供给珍宝

珍宝，人见人爱。珍珠作为珍贵宝物中的一员，虽然不是人类生活消费的必需品,但是养眼,可以美化生活,成为人类饰品中不可或缺的一部分。生产珍珠,既是珍珠养殖的目的和使命,也是珍珠养殖的重要功能和必然结果。发展珍珠养殖业,对人类社会的珍宝事业发展是有重要促进作用的。

3. 丰富社会产品

珍珠、蚌肉、蚌壳由于功能各异,用途多样,从不同领域和方面服务于人类社会,成为人类社会活动和物质消费中的有益补充品,乃至不可替代品。珍珠养殖的一项重要功能就是生产提供这些产品。珍珠养殖既产出主产品——珍珠,也产出大量的副产品——蚌肉、蚌壳等,源源不断地给人类社会带来丰富多彩的物质产品。

4. 传扬历史文化

前述已知,珍珠养殖有近 1000 年历史,而天然珍珠的采集和加工,则历史更为悠久,超过 4000 余年。在这漫长的珍珠发展历史长河中,世界各珍珠生产、消费国和民族凝结、形成了各自独有的珍珠文化理念。在中国,珍珠加工、珍藏、馈赠、佩戴知识和观念源远流长。古代海女采珠、珍珠塔的故事①至今津津乐道,这与珍珠养殖加工业的持续发展不无关系。

5. 拓展就业增收空间

珍珠养殖牵涉育贝、植珠、施肥、采珠、运输等多项作业活动,其中既有室外作业,又有室内作业;既有重体力活,又有轻体力活,适宜于多类人群劳作,为农村男女老少劳动者提供着就业创收机会。

(二)珍珠养殖的影响作用

珍珠养殖的资源利用功能、珍珠产品保障功能、历史文化传承功

---

① 张永滨. 珍珠[M]. 北京:海洋出版社,1984 年,第 15 - 18 页、第 58 页。

能、劳动力创业就业功能是客观存在而显见的。这些功能的发挥对一个地区的经济发展、生态改善具有一定的影响作用。

1. 对农业功能区的形成与发展的影响作用

农业依据自然地理和经济社会发展条件可以划定农作物发展区、畜牧发展区、林果发展区、水产发展区等多个功能区。每类功能区又可细分若干功能区。如:农作物发展区可分为粮食生产区、棉麻生产区、油料生产区、糖料生产区、烟草生产区、蔬菜生产区等。水产发展区根据水资源分布,可分为淡水水产区和海水水产区;根据水产生产形式可划分为水产养殖区和水产捕捞区。农业功能区的形成和发展既有历史缘由,也有现实需求。有的农业功能区承担的任务和使命少有变化,发展历史长;有的农业功能区则相反,变动性大,发展时间不长。一般而言,农业作业多样、相交、模糊地区,其功能变数较多;农业作业单一、独立、清晰地带,其功能变化较小。比如生产稻谷的粮食发展区,若靠近城郊,则易用于发展蔬菜,成为蔬菜发展区;若靠近丘陵,则易于发展林果,成为林果发展区;若远离城市、丘陵等交错地带,则其功能相对稳定。

珍珠养殖以水资源为基本条件,主要在沿海和内陆较大水域中开展。它对水、陆相连地带农业功能的形成与发展有一定的影响作用。(1)从第一层次农业功能区的形成与发展角度看,由于水、土资源是有限的,而农业生产又与其他产业发展和生态保护存在争地、争水的问题,因此,一定区域的土地和水用于生产农产品,此区域则可能成为农业功能区,否则该区域将成为生态保护区或工业生产区、城市发展区等。沿湖、沿海水资源也是有限的,若限制开发,则体现生态保护的功能;若填湖、填海,发展非农产业和经济建设,则成为非农业功能区;若用之于珍珠养殖,形成气候,则成为农业发展之域,为农业功能区的拓展争得一席之地。(2)从第二层次农业功能区的形成与发展看,农、林、牧、渔业之间也存在争资源、争地盘的现象。农业区资源用于渔业发展,生产水产品,此区将成为水产功能区,否则成为农、林、牧业区。以水洼地资源为例,若将水洼地开垦为水田,发展粮食生产,则成为粮食生产功能区;若将水洼地开垦为水池,发展水禽产业,则成为畜牧业生产功能区;发展珍珠养殖业,则变为水产功能区。(3)从第三层次农业功能区的形成与发展看,即使水域资源用于水产业发展,鱼贝之间、贝类之间也存在对水域资源的争夺问题。水域资源用于鱼、虾生产,该水域将成为鱼、虾养殖区;用于珠贝养殖,生产珍珠,该水域则变成珠贝养殖区。由此可见,在水域资源的开发利用问题上,珍珠养殖对农业功能区的形成与发展也产生一定的抑促作用。

2. 对区域经济社会发展的影响作用

珍珠养殖对主产区经济社会发展的影响主要表现在以下几个方面:

一是开发资源,提高资源利用率,变资源优势为产品优势。珍珠生产需要较多的水、资金、劳力等资源作保障。对水面广阔、资金雄厚、劳动力充足的地区,发展增值性大的特种水产业——珍珠养殖业及其加工业,既有助于区内丰富的水域、资金、劳力等资源的开发利用,又能较好地挖掘资源的潜在价值,提高资源利用的比较效益,实现资源优势到产品优势和经济优势的转变,加快区内经济发展。

二是促进主产区产业结构调整,推动主产区主导产业发展,彰显区域产业特色和经济特色。当今世界,商品经济和市场经济高度发达,经济全球化和区际分工十分明显,产品竞争、产业竞争异常激烈。充分利用比较优势,发展“人无我有,人有我优”特色产业,是现代区域经济发展道路的必然选择。发挥比较优势,选择差异化发展道路,有助于优化区域产业结构,培植主导产业,突显产业特色和经济特色。基于生产力低下、产品自给自足的区内种类繁多、生产分散、产品数量少、产业规模小，区际产业趋同、分工混杂的发展模式越来越不合时宜。这种模式不仅资源利用率、转化率和产出率不高，资源优势难以发挥，而且产业竞争性不强，影响力不大，经济特色难以彰显，区际互惠互利步履维艰。不同的区域由于资源禀赋不同，产业发展也有所差异。珍珠主产区珍珠养殖面积大、生产历史悠久、技术条件良好，具有发展珍珠生产的优越条件。珍珠主产区发展珍珠养殖，既是区内产业比较优势发挥的必然结果，也是区际产业比较优势选择的必然要求。利用珍珠养殖优势，大力发展珍珠养殖业，延伸珍珠产业链，做大做强珍珠养殖业和加工业，打造珍珠产业航空母舰，有益于珍珠主产区优化产业，集聚产业，形成主导产业，构建支柱产业，发展特色经济，增强区域竞争能力。

三是繁荣主产区商贸活动，提升区域主体形象和社会知名度。珍珠养殖虽然属于农业生产范畴，但其产出品与粮食生产、畜禽养殖和其他水产养殖产品有很大区别，珍珠商品性极高，商品率几乎达100%，不仅养殖者极少消费，而且养殖区也很少消费，绝大部分区外销售，商贸活动性很强。发展珍珠养殖业，不断产出珍珠，广泛开展珍珠国内外商贸活动，有助于扩大珍珠产区社会影响，提升珍珠产区知名度。区域知名度的提升，是区域产品营销和产业发展的重要助力器。区域知名度越大，区域产品和产业得到的关注越广，做大做强的机会越多。珍珠产区，依仗珍珠养殖优势，大力发展珍珠产业，不仅能提升珍珠产业在区内外的地位，而且能扩大珍珠产区在国内外的知名度，为珍珠产区其他产品的对向宣传和其他产业的繁荣发展提供辅助力量和软实力，进而促成珍珠产业与其他产业互动互荣、协同发展。

3. 对生态环境保护与开发的影响作用

生态资源的开发与保护向来存在既对立又统一的矛盾。开发不好，不仅浪费资源，而且会破坏、恶化生态。开发得好，既能实现资源的有效转化，变为社会产品和财富，又能改善生态，修复资源，美化、亮化生态环境，实现生态资源的可持续利用，实现生态与经济的良性循环发展。珍珠养殖对自然资源和生态环境的影响主要表现在对水资源的利用和水体环境的保护上。高密度养殖、高密度施肥，无节制地开发水资源，一味追求水体的富营养化和养殖单产，超出水体承载力，无疑会导致水质的恶化和水生态的破坏。适度养殖、适度施肥，合理开发水域，积极治理、美化水池，不仅可以避免水体恶化，而且还可以促使水域旧貌变新颜，创建水、蚌布置错落有致的人工生态景观。

第二章

珍珠养殖环境及其作用机理

珍珠养殖方式、规模、效益是由环境条件和生产要素决定的。珍珠养殖的环境和要素非常复杂，既有自然环境，也有社会环境；既有内部环境，也有外部环境；既有原生资源，又有再生资源；既有物质资源，又有非物质资源。这些环境因素以不同的方式，不同的力度对珍珠养殖施加影响，有的以正能量表现，有的以负能量表现；有时起正面作用，有时起负面作用。珍珠养殖应因地制宜，因时制宜，顺势而为。

一、珍珠养殖环境与资源

环境"是相对于某项中心事物而存在的"，以人类为中心事物的环境是指"影响人类生存与发展的各种自然和社会的因素"①，"是指人类赖以生存发展的自然的和人工改造过的空间场所和各种条件的总

---

① 陈立民，吴人坚，戴星翼．环境学原理[M]．北京：科学出版社，2003年3月第1版，第1页。

和”,包括自然环境和人文社会环境两个方面。[①]“资源是指环境中能被人类直接利用,并带来物质财富的各种要素的总和。”[②]资源是一个动态的概念,包括自然界赋予的自然资源和人类自身劳动提供的社会资源两个方面。[③] 珍珠养殖环境是指以珍珠养殖为中心并作用于珍珠养殖的一切因素,既有内在因素,也有外在因素;既有自然因素,也有社会因素;既有物质因素,也有非物质因素。珍珠养殖资源是指可供珍珠养殖利用的所有物质要素。环境因素,只有为珍珠养殖所用,才堪称珍珠养殖资源。依珍珠养殖的内涵和外延的不同,珍珠养殖环境的内容和大小也有所不同,珍珠养殖资源的内容和多少同样有所不同。将珍珠养殖视为蚌池中的作业活动,则池外的一切环境皆为外部环境,池外的一切资源皆为外部资源。将珍珠养殖视为主产区的作业活动,则主产区以外的一切环境为外部环境,一切资源为外部资源。珍珠养殖环境和资源随珍珠养殖区边界的变动而变动。本书视珍珠养殖为人类的一项作业活动,其环境和资源从自然和社会两个角度加以表述。

(一)自然环境及其资源

自然环境和自然资源的内涵关系,有学者对其进行了概括性表述,认为:“自然环境是人类赖以生存的自然部分,包括影响人类生产生活的大气环境、水环境、生物环境、土壤环境和地质环境等。自然资源是自然环境中可以利用的部分,是在当前生产力水平和研究水平

① 吴义生. 环境科学概论[M]. 北京:当代世界出版社,1999 年 9 月第 1 版,第 30 - 31 页。

② 刘秀珍. 农业自然资源[M]. 北京:中国农业科学技术出版社,2006 年 12 月第 1 版,第 1 页。

③ 皮广洁. 农业资源利用与管理[M]. 北京:中国林业出版社,2000 年 11 月第 1 版,第 1 页。

下，为满足人类生产和生活的需要，可以利用的自然物质和自然能量。”①相应的，珍珠养殖的自然环境基本可以认定为环绕珍珠养殖的一切自然因素，由水、土、气、生物等环境因素构成，其资源则是这些环境因素中可供珍珠养殖使用发挥的所有自然物质和能量。

1. 土地

土地是人类生产和生活活动必不可少的基本条件。任何部门、任何行业都离不开土地，都需要一定的空间作为生产基地或活动场所。土地有广义和狭义之说。广义上讲，它指区域内的国土面积，包括陆地和水域；狭义上讲，通常指陆地，甚至单指土壤。有平面和立体之概念。平面而言，指地球的表面即地表；立体而言，是由土壤、气候、植被、水文、岩石等组合在一起的综合体，即除地表之外，还包括地上和地下部分。从土地的广义和立体含义来看，土地环境几乎涵盖自然环境。为了理清珍珠养殖的自然环境和资源，此处将土地仅从狭义的角度即土壤来解释，至于气候、植被、水文等则在别处阐述。

土地有山地、岗地、盆地，有林地、草地、耕地、荒地、厂地、宅地等。这些土地，或多或少、或强或弱都对珍珠养殖产生一定的影响。林地、草地茂盛有否，荒地水土流失多少，土壤蓄水、涵水能力有别，对珍珠养殖所需的地表水的水量和水质产生影响。耕地、厂地、宅地离蚌池远近，水污染程度不同，蚌池治理和管理有异。

对珍珠养殖而言，土地是不可替代的、最基本的、最宝贵的生产资料。珍珠养殖的水资源需要土地去承载。没有土地，就没有地表水。没有地表水，就没有珍珠养殖。土地是珍珠养殖活动的必要场所。对一定的区域而言，土地是有限的。土地的环境不同，用途不同，珍珠养殖的可用之地也不同。山地多、非农业用地多、农林牧业用地多，水域分布少、面积小，珍珠养殖可获的水域就窄。反之，如果江河湖泊水库

① 吴殿廷. 区域经济学[M]. 北京：科学出版社，2003 年，第 325 页。

多，水域分布多、面积大，珍珠养殖可获的水域就广。

2. 气候

自然界中的阳光、温度、雨雪、风力、潮汐无不对珍珠养殖发生作用，有的直接作用于珍珠养殖，有的间接作用于珍珠养殖。众所周知，蚌贝只有在适宜的气候条件下才能繁衍生长，但是不同的地区之间，气候条件是不同的，比如平原地区光照时数较长，山区的光照时数较少；海拔高、纬度高地区，气温较低，海拔低、纬度低地区，气温较高。即使同一地区，年际之间，春夏秋冬之间，白天黑夜之间，阳光、温度、雨量、风力、潮汐也不同。寒冬腊月、冰天雪地不利于蚌贝成长；狂风暴雨、潮涨潮落也不利于蚌贝成长。珍珠养殖只有充分了解一个地区、一定时段的光照时数、光照强度、平均气温、极端气温、降雨量、蒸发量等气候情况，切实把握洪涝干旱、潮汐涨落等异常情况，努力掌握光、热、雨、风发生的规律和特点，才能更好适应气候环境，利用气候资源，产出更多更好的珍珠。

3. 水

水有淡水、海水，地表水、地下水几类。蚌贝是水生动物。水是蚌贝生长的命脉，水对珍珠养殖的作用是不言而喻的。发展珍珠养殖业，要摸清水面、水性。江河海湾、湖泊水库，水面、水深、水量、水流、水温、水质等水环境和资源，对蚌贝的选择、养殖方式、发展规模都有影响作用。比如：河蚌宜生于含氧量丰富、pH 较稳定以及不含硫化氢和甲烷气体的水质之中，三角帆蚌对水的 pH 值要求在 7 ~ 8，冠蚌和无齿蚌在 pH 值 5 ~ 9 的水中也能承受。[①] 海水珍珠贝类则与淡水珍珠贝类不同，正常生活要求有一定的海水盐度和比重，大珠母贝宜在比重为 1.0227 ~ 1.0232、盐度约为 32（电导率为 49.7 ~ 51.9）的海水

① 张元培. 淡水珍珠养殖技术[M]. 长沙：湖南科学技术出版社，1982 年 3 月新 1 版，第 24 页。

中生长。[①]

4. 生物

生物包括植物、动物和微生物三大类。表面上看，珍珠养殖与植物不存在息息相关的问题，但是蚌贝的饵料来源于植物的转化物，杂草丛生的水域也不利于蚌贝的规模化养殖和管理。深层次看，植物环境和资源对珍珠养殖也是有影响的。蚌贝是珍珠培育的母体，本身就是一种生物，一种水生动物。生物不仅为珍珠养殖提供劳动对象——贝类资源，而且为蚌贝成长提供食料——浮游微生物。因此，在珍珠养殖过程中，对生物的数量、种类、品质、性能也要有所了解。对蚌贝本身而言，我国江河湖泊、池塘水库中的河蚌有100多种，用来育珠的河蚌有三角帆蚌、褶纹冠蚌、背角无齿蚌、圆背角无齿蚌、背瘤丽蚌等10多余种。[②] 这些蚌贝生活习性不一，养殖技术和管理也必然不同。

5. 区位

区位含有区域和位置之义[③]，它对珍珠养殖的作用十分明显。珍珠养殖处于经济技术发达地区与处于经济技术落后地区所获得的资金技术支持力度是有很大差别的。理论上讲，经济技术发达地区经济实力、技术实力都比较强，对珍珠养殖在资金上的支持会宽裕一些，在技术上的支持会方便一些；相反，经济技术落后地区经济、技术实力较弱，对珍珠养殖的资金、技术支持，难度会大一些。珍珠养殖区离加工区和消费区的远近，对商品率高的珍珠养殖业来讲也有较大影响。珍珠养殖生产区与珍珠加工区、消费区距离近，产、加、销信息传递快，产品运输成本少，珍珠养殖优势就会多一些；反之，珍珠养殖优势就会差一些。

---

① 张莉. 中国珍珠产业振兴研究[M]. 北京：中国经济出版社，2004年7月第1版，第85页。

② 张元培. 淡水珍珠养殖技术[M]. 长沙：湖南科学技术出版社，1982年，第1页。

③ 潘学标. 经济地理与区域发展[M]. 北京：气象出版社，2003年，第13页。

对珍珠养殖产生抑促作用的自然环境和资源，除了水、土地、大气、生物和区位外，地质、地貌等自然环境和资源也程度不同地影响着珍珠养殖。一般来讲，地质环境较好、地表水易储、地势平坦的地区比较有利于珍珠养殖，地质环境不佳、地表水难储、地势起伏不平的地区较不利于珍珠养殖。摸清自然资源，把握自然规律，扬长避短，趋利避害，此乃珍珠养殖必做工作之一。

(二)社会环境及其资源

社会环境或者说人文社会环境，是相对自然环境而言的，是“人类在自然环境的基础上，通过长时期有意识的社会劳动，加工或改造自然物质，所创造的人工环境”，包括物理社会环境、生物社会环境和心理社会环境三个方面。[①] 社会资源“是人类自身通过劳动提供的资源”[②]。整体而言，社会环境因素几乎均能被人类生产和生活所利用，也即社会环境因素有多广，社会资源差不多就有多丰富，社会环境因素中的每个部分基本上都是可用的社会资源。之所以这么认为，是因为它本身就是人类在改造自然环境过程中形成的人工环境因素，若不能被人类使用，人类是不会去创造、去建立的。当然，人类在改造自然环境过程中，也会有些不利于人类生产生活的环境因素产生，也有少量不能被人类有目的性利用的社会环境因素。社会资源的范围十分广泛，既有有形的物质资源，如劳动者、生产工具、生产对象等，也有无形的非物质资源，如智力、信息、制度等。珍珠养殖是人类的作业活动之一，它的社会环境和资源，包含着人类社会环境和资源中作用于珍珠养殖生产的各种社会因素和条件。

---

① 吴义生. 环境科学概论[M]. 北京:当代世界出版社,1999 年,第 31 - 32 页。

② 陈立民,吴人坚,戴星翼. 环境学原理[M]. 北京:科学出版社,2003 年,第 104 页。

1. 劳动力

劳动力是资源环境中唯一具有主观能动性的因素。自然环境和社会环境的改造,自然资源和社会资源的利用无不由劳动力来实施。从珍珠养殖作业本身而言,劳动力是珍珠养殖的第一生产要素、最活跃的生产要素。从珍珠养殖区和产业的外部来看,外围的劳动力状况对珍珠养殖同样具有影响,比如若外围劳动力过剩,珍珠产区和产业劳力不足,或珍珠养殖比较收益高,外围劳动力就有可能流入珍珠养殖区,流入珍珠养殖产业,进而对珍珠养殖产生影响。劳动力有男劳力、女劳力、全劳力、半劳力、在业劳力、待业劳力等各类资源,有文盲(识字盲、科技盲)、半文盲、小学、初中、高中、大中专、研究生等各层次人员。不同类型、不同层次的劳动力,对珍珠养殖的期望不同、作用力不同。劳动力数量和素质、劳动力分布和结构、劳动力负荷与生存、劳动力余缺与转移,都是珍珠养殖发展中时刻要面对的问题。

2. 资金

资金或曰资本,是珍珠养殖生产不可缺少的要素,其表现形式复杂多样。从来源角度看,有自有资金、借贷资金、财政资金;从周转角度看,有流动资金、固定资金;从用途角度看,有生产资金、非生产资金;从形态角度看,有货币资金、实物资金,货币资金又有现金和存款,实物资金也有厂房、机器等。这些资金,概念不同、范畴不同,对珍珠养殖的影响和作用也不同。比如同样是非自有资金的财政资金和信贷资金,其申请条件、审批程序、使用方向、还贷要求均有一定的差别。财政资金属于财政拨款,一般用于公共基础设施建设,或用于激励技术开发、试验创新等,带有公益性、补助性,无须偿还;而来源于银行的信贷资金属于银行借款,一般用于扩大再生产,支持盈利事项,必须还本付息,具有一定的风险性。珍珠养殖的影响力越大、地位越高,获得财政支持的可能性越大,反之越小。珍珠养殖的盈利性越高、潜力越大,获得银行贷款的机会越多,反之越少。当地财力越雄厚、金融资本越充足,珍珠养殖获得财政援助和金融支持的概率越大,反之越小。资金的丰富度、可获性、占有率、使用空间,对珍珠养殖而言,务必仔细梳理、分析,达以多筹资金,用好资金,壮大规模。

3. 技术

众所周知,珍珠养殖源自于人类对天然珍珠生长环境和生长机理的总结、提炼。没有天然珍珠成长机理的研究探索,就没有珍珠养殖这一作业活动。珍珠养殖伴随科学技术的发展而发展。科学技术涵盖的范围十分广泛,就珍珠养殖作业环节而言,有珠贝繁育技术、蚌贝病害防治技术、珠核制片技术、蚌池管理技术等,此外,还涉及取珠技术、加工技术、仓储技术、运输技术等。珍珠养殖所在地区的研发机构、技术人员、技术开发、技术服务、技术示范、技术培训、技术教育对珍珠养殖中的一些技术问题的解决也有帮助作用,都是珍珠养殖的宝贵资源。

4. 市场信息

珍珠养殖中,无论产品出售还是生产资料购买,都离不开与外界交流,离不开市场贸易。市场是商品经济的产物,又是商品经济发展的必要条件。珍珠养殖离不开劳动力、资金、技术,离不开蚌贝、珠核、农机具、饵料、农药、土地、水域等。劳动力市场、资金市场、技术市场、农机具市场、饵料市场、药物市场、土地市场、水资源市场等相关市场的数量多少、规模大小、活跃程度对珍珠养殖均有影响作用。珍珠养殖产品出售和生产要素获取方式手段多样,有的十分直接,时间少、距离短,交易快捷;有的层层传递,经历的环节多,所花的时间多,距离也比较长。有的是现货交易,也有的是期货交易。选择什么样的买卖方式、销售渠道、营销组织,对珍珠养殖也至关重要。

信息资源和环境对珍珠养殖也有着重要的影响作用。物质资源信息、政策计划信息、知识技术信息、生产加工信息、市场贸易信息、财务管理信息等有关信息的真假性、多少性，以及珍珠生产经营者对这些信息收集、整理、分析、运用的难易性、快慢性，对珍珠养殖的规模化、商品化、产业化、社会化、全球化无疑有不小的影响。

5. 政策法规

政策法规对珍珠养殖有着重大的影响，有时起决定性作用。珍珠养殖的政策法规环境，意指各级政府和部门对珍珠养殖的态度，允许珍珠养殖哪些方面可以发展，重点是什么，给予哪些鼓励性和优惠性措施；不允许珍珠养殖怎样发展，施行哪些惩罚性举措和限制性条件。政策法规有上级政策法规和本地政策措施方面的内容。上级政策法规对本地珍珠养殖有重大的抑促作用，是本地珍珠生产经营管理者无法左右的，必须严格执行。本地政策措施虽然是当地政府和部门基于上级政策法规和本地珍珠养殖资源及其发展状况而制定的，但是珍珠养殖经营者也只能顺从它、适应它。随着时间的推移和珍珠养殖发展的变化，有些珍珠发展政策措施会作一定的调整。政策有财政政策、税收政策、金融政策、投资政策、保险政策、贸易政策、价格政策、流通政策、资源开发政策以及产业发展方针、规划、计划、措施等，法律规章有渔业法、水污染防治法等。这些方针、政策、法律、条例是经过许多理论和实践工作者反复思量论证的，具有很强的规定性、调控性、干预性和指导性，对珍珠养殖具有无可争议的先导作用和参照意义。

影响珍珠养殖的社会环境和资源，除了劳动力、资金、技术、市场信息、政策法规外，还有文化、教育、卫生等方面的内容。文化习俗对珍珠生产者、经营者、管理者、消费者的观念和行为有着深刻的影响。不同的文化理念，就有不同的珍珠发展观，就有不同的珍珠养殖主体的价值取向和活动行为，就有不同的珍珠养殖资源投入量和规模水平。教育、卫生对珍珠养殖也有一定的影响。良好的教育资源环境、卫生资源环境，有助于吸引、留住珍珠养殖加工高素质经营管理者和技术人才，吸引更多的外来资本发展珍珠养殖业。相反，如果教育、卫生资源环境不佳，珍珠养殖人才、发展资本的留住和引进则会更艰难。

（三）区际发展环境

一个地区的珍珠养殖，除了受当地的资源环境和上层因素影响外，其他地区尤其邻近地区的珍珠发展环境对其也有一定的影响。不同的地区，环境资源不同，优劣势不同，其发展方向也不尽相同。摸清区外珍珠发展环境，对本地珍珠产业发展有利无弊。这有利于按照“人无我有，人有我优”的发展思路，按照“取长补短，互惠互利”的发展原则，谋划珍珠养殖业。比如，邻近地区对珍珠养殖无论采取鼓励性政策，还是施行限制性措施，对本地珍珠养殖业发展都有一定的影响。可能是喜，也可能是忧。喜则近邻扩大，利好本地，本地可顺势而为，积极跟进；近邻缩减，市场空间腾出，本地也可扩大养殖规模。忧则近邻扩大，挤占本地市场；近邻限产，利空本地，本地弃养珍珠。具体情况，应具体分析，细加判断。当今社会，珍珠生产市场化明显，珍珠产业越来越国际化，参与区际循环、国际循环的势头越来越旺。世界社会、经济、科技的发展趋势，以及各珍珠生产国的发展战略，将不可避免地影响我国珍珠生产和消费。对国际政治、经济、科技的变化，特别是世界珍珠发展态势的改变，要有清醒的认识，充分的分析，科学的预测，达以抓住有利时机，克服不利因素，扬优避劣，促进珍珠产业发展。

二、环境资源对珍珠养殖的作用机理

珍珠养殖环境资源种类很多，其中既有可改变和再生的，也有不可改变和再生的；既有历史形成和积累的，也有现代创建和聚集的，它们以不同的方式和力度影响和作用于珍珠养殖产业的发展。发展珍珠养殖业,要切实把握相关资源和环境的特点,才能遵循规律,扬长避短,或顺势而为,或积极进取,找出切入点,走向新境界。

(一)环境资源的特性

1. 地域性

环境资源的地域性是指某种或某些环境资源只存在于或归属于某个特定的地域。光、热、水、气、生物等自然环境和资源有地域性,文化观念、消费习惯、交通基础设施等社会环境和资源也有一定的地域性。这些环境和资源在不同的地域,有其相应的形成、发展和变化的规律。比如:同样是蚌贝资源,河蚌存在于淡水区域,不存在于盐水区域;在水流趋稳区域易成长,在水流急涌区域不易生长;而海贝则要在海水区域才能发育生长。

环境资源的地域性决定了有些资源是不可移动的,或者是难以移动的。有些环境条件一旦离开某个特定的地域,可能就不存在;有些资源要素离开某个特定的地域,可能难以发挥作用。

地域有一定的范围和边界,有大小、宽窄之分。地域范围和边界发生变化,环境资源状况也随之而变。从世界范围来看,地域大到五大洲四大洋,小到村寨街道、田间地头。地域范围的大小不同,环境资源的包容量不同。地域范围越大,环境条件越繁杂,所包容的自然资源和社会资源越多,反之,资源种类和数量越少。世界各地自然环境和社会资源差异明显。国与国、省与省、县与县、乡与乡、村与村,山南山北、河东河西的环境资源不同,有的此处独有,有的多处皆有。

从地域范围的大小来看,环境资源的地域性是相对而言的,具体表现在两个方面:其一,环境资源的地域性是此区域相对于它地域而言的,则某种或某类资源在某区域具有,而其他区域没有;其二,环境资源的地域性是相对于特定的区域边界而言的,一旦区域边界线发生改变，环境资源的地域范畴也随之而变，比如某种资源只存在于某县，而不存在于邻县，但当县域概念拓展到省域概念，则该种资源上升为存在于省域了，隶属于同省的邻县虽然没有该种资源，却拥有该种资源的名分。

2. 稀缺性

自然环境中，许多可用资源是不可再生的，消耗利用后，数量就相应减少了，比如矿产资源，一旦开发利用，转为其他产品，其储量就随之而减少，而难有再生的可能；储量多的矿产资源，开发利用年代可能长远些，稀缺性不十分突出；储量少的矿产资源，开发利用的持续性就很弱，稀有性、珍贵性非常明显。不仅如此，环境资源还具有显著的有限性，不允许人类无限制地开发，比如地表植被必须要有一定的面积。如果植被过分开发，没有休养生息的机会，必将导致水土流失，引发地质灾害。自然资源的有限性影响社会经济活动的取舍，左右社会经济活动在某些方面的资源用量的消长态势，给资源分配量少者带来紧缺感，比如土地资源是有限的而不是无限的。一定区域的土地多用于农业生产，其他产业发展和社会活动的用地就难有扩大的机会，其他产业或社会活动就会受到一定的约束。

社会资源是人类创造的资源，虽然绝大多数可以再生，但是也是有限的。在一定的区域、一定的时间范围内，某种社会资源在总量上基本稳定，给予某种产业多一些，其他产业所得到的数量就会少一些。比如资本，在特定的区域、特定的时段，总量是不变的，用于经济活动的资本多一些，那么用于社会活动的资本就会少一些。此外，有些历史传承下来的社会资源也是难以再生的，成为当今和未来社会经济活动的稀有资源。

3. 多用性

无论自然资源还是社会资源在用于人类社会作业活动的过程中

都具有显著的多用性，极少是单一的、唯一的。这种多用性既体现在生产领域，也体现在非生产领域，比如：劳动力，他是生产力发展中的第一要素，既可用于农业生产，也可用于工业、商业、建筑业、交通运输业、服务业发展中；资金既可用于一、二、三产业经济领域，也可用于政治、文化、军事活动中；江河水资源既可用于水产养殖业，也可用于水上运输和其他经济社会活动……不胜枚举。

4. 兼容性

环境资源具有广泛的兼容性。自然环境与社会环境之间、自然资源与社会资源之间、自然资源环境内部之间、社会资源环境内部之间都存在着相互依存、相互作用的关系。任何一种资源的存在并不排斥另外一种乃至多种资源的融入，比如生物与人力、生物与水气、草原与动物、人力与技术等等都具有共存性、兼容性。

除此之外，有些资源还具有一定的替代性、互补性，比如劳力与机械在人类作业活动中具有一定的替换性和互补性。梳理和把握环境资源的特性，对环境资源的开发、调配具有重要价值，对经济社会活动的拓展、推进具有重要作用。

（二）环境资源对珍珠养殖的作用

1. 环境资源与珍珠养殖的作用关系

通常来讲，环境资源包括自然环境资源和社会环境资源两大方面，不过，从环境资源对珍珠养殖的作用过程和力度来看，我们可以将其细分为三大块，即当地自然资源环境、当地社会资源环境和外地资源环境。它们与珍珠养殖之间存在一种相互作用、相互影响的关系（见图2－1）。

（1）当地自然环境资源与珍珠养殖的作用关系，是一种直接的、紧密的、力度较大的作用关系。珍珠养殖需要光、热、水、气、土。当地的气候条件、生态环境、水资源对珍珠养殖有着直接的影响作用。适宜的气候条件、良好的生态环境、充足的水资源,有助于珍珠养殖业的发展;温度过高过低、水资源不足、水生态恶化,将对珍珠的繁育、成长构成威胁。反过来,珍珠养殖对自然环境的原生态和自然资源的分配使用也有明显的影响作用。假如珍珠养殖密度过大、富营养化,则水生态的自我修复功能将会严重受损;假使珍珠养殖规模无限扩大,过于泛滥,超出当地水资源的承受能力,则会导致当地水资源的严重不足。

(2)当地社会环境资源与珍珠养殖的作用关系,也是一种直接的、紧密的、力度较大的作用关系。珍珠养殖需要人、财、物。当地的人力、物力、财力资源对珍珠养殖有显著的抑促作用。丰富的劳动力、雄厚的资金、充足的物质装备,有助于珍珠养殖业的做大做强;劳动力不足、资金缺乏、物质技术装备软弱,将会制约珍珠养殖业的发展。当地的政策法规、文化习俗对珍珠养殖业的发展也有重要的抑促作用。宽松的发展环境、激励性的政策工具、先进的文化理念,将对珍珠养殖产生重大的推动作用;严厉的发展环境、约束性的政策措施、消极的文化习俗,则不利于珍珠养殖业的发展。同样地,珍珠养殖对当地的社会环境资源也有影响作用。珍珠养殖增值快、投入产出水平高,有助于增加劳动者收入,吸引劳动力资源;提高 GDP 总量,增加资本总量。若珍珠养殖不景气、收益率低下,则难以吸引劳动力尤其高素质劳动力,引发劳动力资源的流失;难以留住资本,引发资金的外流。

(3)外部环境资源与珍珠养殖的作用关系,是一种较为松弛、力度较弱的作用关系。视环境资源对珍珠养殖的重要性、密切性不同,外部环境资源对珍珠养殖的作用力也有一定差异,其中的一些环境资源的作用是直接的,影响力明显,也有些是间接的,影响力不大。比如:上级对本地珍珠养殖的态度和政策对本地的珍珠养殖有直接的影响,且影响力不小;上级对邻近地区的珍珠养殖政策虽然对本地珍珠养殖的发展没有直接影响，但有一定的间接作用。邻近地区的珍珠养殖动向对本地珍珠养殖也有一定的影响，有时影响力还不小；邻近地区的土地资源、劳动力资源等对本地珍珠养殖的影响则相对小一些。本地珍珠养殖对外部环境资源也有一定的影响作用。当本地珍珠养殖对周边地区的生产生活构成威胁或与邻近地区的珍珠养殖产生恶性竞争的时候，上级既定的政策就会进行调整，周边地区的环境资源尤其珍珠养殖资源配置也会发生一定变化。

值得一提的是珍珠养殖后续的营销加工环境资源。虽然珍珠营销加工环境资源，一大部分属于当地社会环境资源，也有一部分属于当地自然环境资源和外部环境资源，但与其他环境资源相比，珍珠营销加工环境资源中的每一个部分都与珍珠养殖有着直接而紧密的作用关系。珍珠销售、加工、储运资源多，珍珠加工能力强，销运渠道宽，能够很好地将珍珠养殖产品加以消化，有助于珍珠养殖的发展。加工销售环境差，珍珠养殖产品积压多，珍珠养殖业将步履维艰。珍珠养殖对珍珠销售加工也有重要的影响作用。珍珠养殖规模大、产品多，可给珍珠加工提供更多原料，促进加工、储运业的发展，吸引加工、储运、市场营销资源。珍珠养殖规模小、产量少，加工、储运、营销资源难以吸引和留住。

环境资源尤其本地自然环境资源和社会环境资源，除对珍珠养殖产生直接影响外，有些环境和资源的改变有时候会以间接的方式对珍珠养殖产生作用。即外部环境资源的变化通过本地自然环境资源或社会环境资源的传导影响本地珍珠养殖业的发展，本地自然环境资源或社会环境资源的变化在某个时段虽然不对本地珍珠养殖直接产生影响，但会引发外部环境资源的变动，变化了的外部环境资源又直接影响本地珍珠养殖业的发展。同样的，珍珠养殖业的发展有时对当地的某些资源不会产生明显的影响，但会引发外界的热切关注，引发外界环境资源的改变，再由变化了的外界环境资源影响本地环境态势和资源流动；珍珠养殖有时不对外部环境资源产生影响，但会通过由其引发的当地环境资源的变化影响外部环境资源状态。

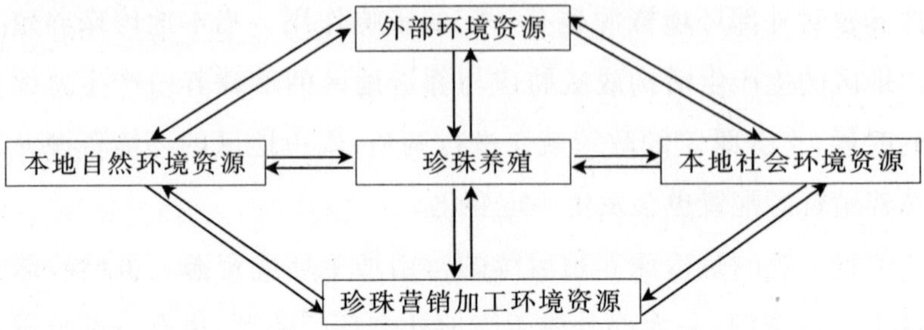

图 2－1　珍珠养殖与环境资源的作用关系

2. 环境资源对珍珠养殖的影响作用

环境资源对珍珠养殖的影响和作用是多方面的，触及养殖时空、方式、规模、产量、质量、品种、结构、规划、策略等等。

(1)对珍珠养殖空间布局的影响作用。

珍珠的生存体是具有生命力的蚌贝。蚌贝的生存受环境因素尤其自然环境因素的影响很大。最早的珍珠贝的生产是以自然环境和自然资源为基础条件的。只有具有蚌贝资源和水资源，同时具备蚌贝发育成长的环境条件的地方，才有珍珠养殖的可能。人类在认识自然、改造自然的过程中，虽然能够掌握珍珠的生长规律，一定程度地能够加快珍珠的繁育、成长步伐，但是依然离不开珍珠贝生存所必需的自然物，不能在珍珠贝生存环境条件不足的地区从事珍珠养殖生产。珍珠贝生长所需的自然环境和资源具有很强的地域性。自然环境和资源的地域性决定了珍珠养殖在某些地区可行，在某些地区不可行；决定了珍珠养殖只能存在于某些特定地区而非任何地区。一般来讲，贝类资源和水资源丰富的地区宜于发展珍珠生产，珍珠养殖也应布局于这些地区，这是环境资源的自然属性所决定的。

社会经济技术对珍珠养殖的布局也有影响作用。这主要体现在珍珠养殖空间的开拓和削减上。众所周知，珍珠养殖在空间分布上有最适宜地、较适宜地、不适宜地之分。单就自然环境和资源的配对来讲，珍珠养殖应当遵守自然规律，首先布局在最适宜地，其次布局在较适宜地，不适宜地是不会布局珍珠养殖生产的。不过，制度、习俗、政策、资本、技术等社会环境因素有时会改变这种布局规则。市场经济环境下，资本趋利而动，珍珠养殖有利可图的地方，就会受到投资者的青睐，珍珠养殖就会得到发展；如果珍珠养殖无利可言，即使该处具有珍珠养殖的资源禀赋，也难以吸引投资者发展珍珠养殖生产。同样的，如果当地人不喜爱，或政策不允许，即使有珍珠养殖的天然优势，珍珠养殖也难有作为，反之，如果人们酷爱，政策要求，珍珠养殖就有可能呈现"人定胜天"局面。而科学技术的发展，则能拓展珍珠养殖区，开发珍珠养殖处女地，在一个自然条件不十分具备的地区发展珍珠养殖，壮大珍珠养殖产业。

(2)对珍珠养殖生产经营和绩效的影响作用。

珍珠在养殖生产经营中涉及生产要素投入问题、生产关系问题，牵涉经济基础和上层建筑问题。

土地、水资源、资金、机械工具、厂房、劳动力等生产要素具有多种功能和用途，它们既可用于珍珠养殖生产，也可用于鱼虾等其他水产养殖，还可用于种植业、畜牧业、林业等农业生产，用于工业、运输业、服务业等非农产业发展。这些资源用于非珍珠养殖生产领域越多，乃至全部，珍珠养殖业获取这些资源的可能性就越少，甚至微乎其微。比如：土地是财富之母，是珍珠养殖生产中不可缺少也不可替代的生产资料，与其他生产资料（比如机器、燃料等）比，有显著的差别。其他生产资料是可以通过人们的劳动加以创造，使之数量上增加，旧的、落后的生产资料可以被新的、先进的生产资料所替代。而土地是自然的造化,其面积是有限的,人们不可能创造出新的土地,不能随意增加或替代它;只可以改良它,影响它的利用,提高它的生产力,使之产出更多的物质财富。不仅如此,土地的空间位置是固定的,不能被人类所移动,不像其他的生产资料,人类可以根据生产的需要随意调拨、转移、存放在不同的地点,实现空间地域上的搬迁。用于珍珠养殖的土地多少,决定着珍珠养殖空间的大小。同样,水和珠贝也是珍珠养殖生产中不可缺少和替代的生产资料。因为珍珠养殖是一项水中作业活动,无水则无珍珠养殖可言。水域的大小很大程度上决定了珍珠养殖的规模。缺水是不能做大珍珠养殖规模的。珠贝是珍珠养殖的劳动对象。没有珠贝也没有珍珠养殖之说。珠贝的多少和好坏,决定着珍珠养殖规模的大小和产量的高低,影响珍珠的品质。饲(饵)料、资金、厂房等生产要素对珍珠养殖的影响也是不言而喻的。

生产资料是有归属权的,被不同的主体所占有使用,其表现出来的所有制形式也不同。生产资料所有制有公有制、私有制、股份制、合作制等形式。不同的所有制形式,对生产资料的占有权、支配权、使用权是有差异的。生产资料的公有性,决定着生产资料的分配使用,既要谋求效率,更要讲求公平。而生产资料的私有性,则决定着生产资料的投入使用,更多时候是趋利而动的。珍珠养殖中的生产资料属于集体资产时,生产资料的分配使用由集体处置,它的分配使用应符合集体成员的意愿和利益,个体无权对它进行任意处置,即使它的承包经营者也只能按既有的约定行使权利,承担义务,对它仅有经营权、使用权,没有占有权、所有权,不能随意处置。珍珠养殖中的生产资料属于个人资产时,生产资料的分配使用由所有者个人自行处置,个人意志起着决定性作用。

观念、制度、政策等因素对珍珠养殖生产经营也有影响作用。计划经济制度强调经济社会发展的计划性,珍珠养殖生产经营需按政府计划行事;市场经济制度要求按市场规律办事,珍珠养殖生产经营由市场进行调节。税收、价格、信贷等经济政策对珍珠养殖生产经营有显著的抑促作用。激励性政策会激发珍珠养殖户的热情,将更多的人力、物力、财力投入珍珠养殖生产中,促进珍珠养殖业发展;约束性政策常常会弱化珍珠养殖户的积极性,减少对珍珠养殖生产的投入,不利于珍珠养殖业的发展。

人类对珍珠进行养殖生产经营,是有目的性的,期望取得珍珠产量,获取经济收益,产生社会效应。珍珠养殖产品是珠贝自然再生产和经济再生产的产物。没有珠贝成长所需的自然、经济和社会环境条件,没有珠贝生产所需的自然资源供给和经济社会资源投入,珍珠养殖活动就会成为无水之源、无米之炊,就不能取得产品,获取收益。珍珠产量是与珍珠养殖水面、珠贝数量、技术投入、资金投入、物资投入成正比的。通常来讲,珍珠养殖水面大、珠贝多、资金物资投入多、技术先进,珍珠产量就高,反之,则低。珍珠养殖收益由珍珠产量、珍珠价格、劳动力成本和物化劳动成本决定,并与产量、价格成正向关系,与劳动力成本、物化劳动成本成反向关系。珍珠产量高、价格高,珍珠养殖生产经营收益大,反之,则小。劳动力成本、物化劳动成本大,珍珠养殖生产经营收益低,反之,则高。

(3)对珍珠养殖发展导向的影响作用。

一个区域的发展方向要"根据区域发展的现实基础,内外部联系和在全国或大区劳动地域分工中的作用与地位,进一步发展地位的转变等因素,对区域发展在大区发展、国家发展,甚至国际发展中所占据的地位、所起的作用、所承担的功能做出准确判断和勾画"①。区域发展方向会受到区域内外发展因素和要求的影响。区域内外环境因素和发展要求不同,经济发展方向不同,产业发展导向也不同。珍珠养

① 吴殿廷. 区域经济学[M]. 北京:科学出版社,2007年,第391页。

殖生产总是要朝前发展的，否则无法满足人们日益增长的消费需求。珍珠养殖生产进入某个时点、达到某种程度之后，必然面临一个未来发展的问题。珍珠养殖业今后如何发展，取决于珍珠养殖现有的经济社会技术基础条件、珍珠养殖业的功能地位和内外部发展环境因素变化。基础厚实、地位突出、资源富饶、环境允许，珍珠养殖结构调整的余地就宽，品质提高的空间就广，珍珠养殖朝前发展的步伐就快，目标实现的可能性就大。基础薄弱、地位衰弱、资源匮乏、环境恶化，珍珠养殖业施展的空间就小，向前发展就会步履维艰。

总而言之，环境资源对珍珠养殖的影响贯穿于始终，从珍珠养殖选址，到珍珠养殖生产经营，再到珍珠养殖的未来出路都产生着促进或抑制作用。在珍珠养殖具体的发展中，应因地制宜、因时制宜、取长补短、扬优避劣，开发利用好环境资源，实现珍珠养殖效益的最大化、最佳化。

三、珍珠养殖资源的开发与利用

资源是可供人类利用并能满足人类某种需要的物品，有自由取用物品和经济物品之分。① 无论自由取用物品，还是经济物品，在开发利用过程中都应遵循一定的规则，为当代和后代造福。

（一）开发利用目标与原则

1. 珍珠养殖资源开发利用目标

人们开发利用珍珠养殖资源的目的是为了发展珍珠养殖生产，生产珍珠产品，以满足各类人群对珍珠产品的消费需求；是为了在资源开发利用中展现珍珠生产经营者的劳动价值，获取珍珠生产经营者所

---

① 张嫚. 经济学[M]. 经济科学出版社，2004 年，第 2 页。

期望的方方面面收益，以便更进一步发展生产，改善生活。人的期望和消费需求是无止境的，但是资源是有限的，因此，对资源的开发利用应当“有所为，有所不为”。既要考虑当代人的需要，尽量满足当代人的愿望诉求，又要为后代人着想，为后代人造福。对自由取用的资源、可以再生的资源，可以尽情开发利用，最大限度地开发利用。对不可随意取用的资源、数量有限不可再生的资源，则要精打细算地开发利用，适时适度地开发利用。

2. 珍珠养殖资源开发利用原则

（1）“三效益”兼顾的原则。开发利用珍珠养殖资源既是一项经济活动，也是一项社会活动，一项与生态环境交流的活动。对珍珠养殖资源的开发利用，既要追求经济效益，也要兼顾社会效益和生态效益，力求开发利用综合效益最大化、最佳化。

（2）可持续开发利用原则。珍珠养殖资源中一大部分是稀有的，不可再生的。因此，对这类资源的开发利用，不能只顾眼前，要考虑长远，要有战略眼光，以可持续化开发利用为根本准则。即使可再生资源的开发利用，也要有持续性，因为这类资源毕竟凝聚了人类的劳动，持续利用意味节省成本，节省劳动。

（3）综合开发利用原则。资源有共存性、竞生性、多用性。因此，对资源的开发利用，不能过于单一，以免有的资源过度利用，有的资源又闲置浪费；要注意资源的相互作用性，充分发挥资源的多功能性，注重配套开发、综合利用。

（二）开发利用方式与途径

1. 珍珠养殖资源开发利用方式

珍珠养殖资源开发利用的方式较多。对珍珠资源的开发利用，既有个体行为，也有组织行为。个体往往出于自身的人生观、价值观、世界观来认知资源、开发资源、利用资源,出于个体自身的能力、水平、爱好、诉求拟定资源开发利用的广度、深度和进度。组织则出于组织自身的职责、使命、权利、义务,开发利用资源,出于组织自身的发展方向、目的、要求,对资源进行纵深开发利用。组织又有多种形式,如:农场、工厂企业、商贸机构、科教单位、政府部门等。不同的组织,对资源的开发利用目标和要求不同。公益性组织,对资源的开发利用,更侧重于保护和再生;而以盈利为目的的组织,则更侧重于创收和增收。此外,对珍珠资源的开发利用还有单项开发与综合开发、平面开发与立体开发、独立开发与合作开发、区内开发与跨区开发等方式。每种开发利用方式,都有它的优越性、局限性,都有不同的力度和强度,因而对珍珠养殖资源开发利用产生不同的影响作用和转化绩效。

2. 珍珠养殖资源开发利用途径

珍珠养殖资源开发利用的途径主要有二:一是围绕优势资源进行纵深开发利用、配套开发利用。资源是有区域性的。每个区域的珍珠养殖资源种类繁多,而且资源的数量和质量在不同的种群之间、区之间都有很大的差异性。开发利用时,应抓优势,以量多、质优或特有的资源为核心,其他资源为辅助,配置产业,配置生产要素,生产珍珠产品,发展珍珠产业。二是围绕主导产业进行资源配置和纵深开发。珍珠养殖产业涉及面较广,每个产业在区内、区外的地位、作用和影响力不同。应当抓住珍珠养殖的主导产业、支柱产品和关键环节,进行资源配置和开发利用,将各种可用资源充分利用起来,将各种资源的功能充分挖掘出来,不断提高资源利用水平和产出水平。

(三)开发利用机制

对某个特定的区域来讲,在一定的时段内,珍珠养殖的自然资源和环境是相对稳定的,珍珠养殖的社会资源和环境也少有突变现象发生。不可再生的资源,在被珍珠养殖利用过程中,总量会日趋减少,最可能的态势也仅仅是产业间、行业间流转的此减彼增。可再生的资源,虽然通过人类的改造升级,数量会有一定程度的增加,但也不是一件召之即来的轻易之事。因此,对珍珠养殖资源的开发利用,应当有一定的规章和制度,有一套长久有效的机制,以保资源可持续开发、可持续利用,以保珍珠养殖产业可持续发展。

1. 资源节约激励机制

资源的需求量多、供给量少是全球的普遍现象。珍珠养殖可用的资源是有限的,资源供给日趋紧张是必然事件。这就要求对珍珠养殖资源的开发利用要厉行节约,严禁浪费,倡导节约光荣、浪费可耻的社会风尚;建章立法,奖励节约行为,惩戒浪费行为。

2. 资源修复补偿机制

珍珠养殖资源中,不少具有自我调剂、自我修复的功能,如:水体、蚌贝、劳动力等都有一定的修复能力,只要负荷力不超限,基本都能长久利用,甚至永续利用。对珍珠养殖资源的开发利用要有"休养生息"的理念,建立资源修复机制和必要的补偿机制,让资源有修复再生的机会,不让资源过度开发、过度利用,不让资源滥用、乱用,以保资源持久利用、永续利用。

3. 资源循环利用机制

珍珠养殖资源到珍珠养殖产品并不是一对一的关系。一种资源可能有多种用途、多种产出,一种产出同样需要多种资源,有些资源有时可以用其他资源替代,有时被某个环节利用后还可被另一环节利用。若将某种资源只局限于某种用途,局限于某个环节利用,则会限制资源的功能性发挥,难以展现资源的应有效率。对资源的开发利用,应有循环意识,构建多次、多层、多级利用机制,以产生"开发一种资源、利用一种资源,生产多种产品、发展多种产业"之效果,以提高资源的开发利用效率。

第三章

珍珠养殖环境调查与分析

环境资源对珍珠养殖的影响很大,涉及面很广。在一个区域内或不同的区域间,环境资源也因千差万别,而对珍珠养殖的客体和主体的影响力呈现出较大的差异性。珍珠养殖者是环境资源承受者、开发者、利用者,对环境资源的影响面和影响力最有感受,最有说话权。因此,对珍珠养殖环境的影响研究,我们以珍珠养殖者为主体,通过他们的实情和感知来了解我国的珍珠养殖环境资源状况,掌握环境资源对我国珍珠养殖的影响程度,进而为环境资源开发、利用、保护、再生提供可鉴、可用素材,为珍珠养殖者置业、增产、创收、致富提供可鉴、可用资料,为珍珠生产管理决策者提供可鉴、可用之依据。

我国珍珠养殖涉及 10 多个省(市、区),数百个县(市、区),成千上万个乡(镇)村。省与省、县与县、乡与乡、村与村之间的珍珠养殖环境,既有共性,也有个性。有些环境资源对全国各地的珍珠养殖皆有影响作用,有些环境资源仅对部分地区乃至个体产生影响作用。县域是以县城为中心、集镇为纽带、农村为腹地的自然、经济、社会综合性较强的空间基本单元,是我国农业发展的主要地域依托。县作为一个行政区,有一定的经济社会发展自主权,对农业产业发展和珍珠养殖生产有较大的主导权,对区内整体环境资源的开发利用与保护修复起着决定性作用,很大程度上左右着区内珍珠养殖业和加工业发展。就行政区划体系里的珍珠养殖及其环境资源而言,县处于中间层位,有显见的代表性。据此,我们重点以县域为单元,选择若干珍珠主产县进行重点调查研究,对其他产区的珍珠养殖环境资源状况则进行力所能及的调研,以供比较分析。

一、问卷调查概况

珍珠养殖者或者说珍珠养殖微观主体主要有两类,即珍珠养殖户和珍珠养殖场。

农户是“人类进入农业社会以来最基本的经济组织”,“主要依靠家庭劳动力从事农业生产”活动。当今世界,农户是“农业中占绝对统治地位的经营形式”。① 珍珠养殖业是农业中的一个分支。珍珠养殖农户是我国珍珠养殖生产经营中最主要的组织形式。他们在珍珠养殖环境和资源约束中从事珍珠养殖生产经营活动,获取产品和收入,对珍珠养殖资源环境的影响和作用有深刻的感知。对珍珠养殖户这一珍珠养殖业重要经济组织进行实地问卷调查,可以大致了解和掌握珍珠养殖区中环境、资源状况及其影响效果。

珍珠养殖场是珍珠养殖者中另一重要经济组织。它属于农业企业范畴。农业企业在市场和自然条件作用下具有将土地、劳动、资本组合一起产出产品,获取收入的功能。②。对它们进行问卷调查也有助于深化珍珠养殖区的环境资源及其影响的研究,对珍珠养殖区的环境

---

① 尤小文. 农户经济组织研究[M]. 长沙:湖南人民出版社,2005 年 2 月第 1 版,第 190 页、196 页、第 23 页。

② A. 恰亚诺夫著,萧正洪译,于东林校. 农民经济组织[M]. 北京:中央编译出版社,1996 年 1 月第 1 版,第 64 – 65 页。

资源及其影响力的进一步了解和把握也能起到很好的充实和辅助作用。

珍珠养殖户问卷中,我们设计了珍珠养殖户基本情况、珍珠养殖环境、珍珠养殖收益、珍珠储运加工销售、珍珠养殖生产问题、珍珠养殖生产打算等6大类,43个问题,178个指标。对珍珠养殖场的问卷调查,我们则从珍珠养殖场基本情况、珍珠养殖场经营状况、珍珠养殖收益情况、珍珠养殖生态环境、珍珠生产加工销售情况、珍珠养殖加工特色、珍珠养殖问题、珍珠养殖发展设想等8方面,设计了47个问题,220个指标。通过走访、发送、回收,共从珍珠主产省——江西、浙江、湖南等地收回珍珠养殖户有效问卷82份、珍珠养殖场有效问卷12份。为了切实掌握珍珠养殖环境资源及其对珍珠养殖经营的演变动态,随后2年又对江西的2个珍珠主产县——都昌、万年的珍珠养殖户和养殖场进行跟踪调研,共收回珍珠养殖户有效问卷35份、珍珠养殖场有效问卷9份。本章利用SPSS对这些问卷资料逐一进行统计分析。

二、珍珠养殖基础条件分析

(一)生态环境条件

1. 气候条件

为了了解气候对珍珠养殖的影响,我们设计了“当地珍珠养殖气候条件”这一指标进行问卷调查,指标中有“适宜”、“一般”、“不适宜”3个选项供养殖户选勾。82户调查对象中,有65户选择“适宜”,占79.27%;13户选择“一般”,占15.85%;4户没有选勾,占4.88%;而“不适宜”选项,则无养殖户选勾(见图3-1)。问卷显示:多数养殖户认为本地的气候条件宜于珍珠养殖。

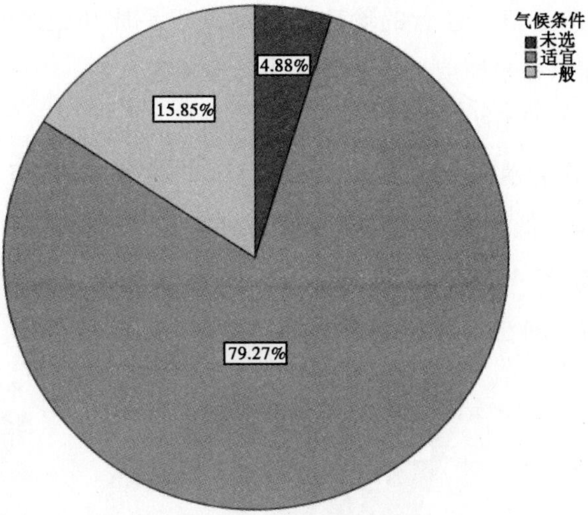

图 3－1　气候条件对珍珠养殖的适宜性

2. 蚌池周边地貌

82 户珍珠养殖户中，地处平原地区 35 户、丘陵地区 31 户、山区 9 户，没选者 7 户，各占 42.68%、37.80%、10.98%、8.54%（见图 3－

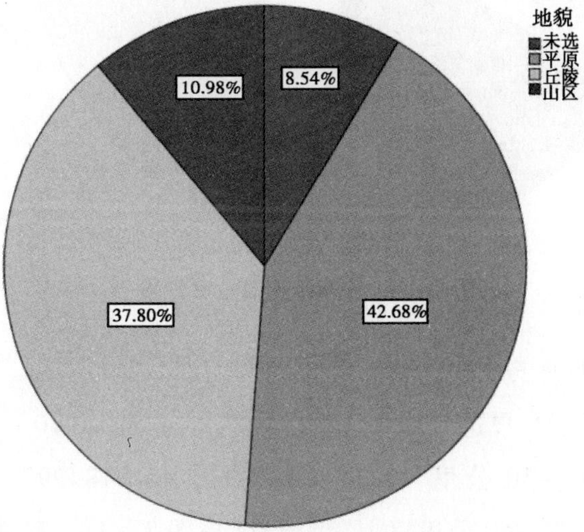

图 3－2　珍珠养殖池周边地貌情况

2)。多数珍珠养殖户经营的珍珠养殖池处于平原和丘陵地区,换言之,多数养殖户在平原或丘陵地带从事珍珠养殖。

3. 蚌池地理位置

82户珍珠养殖户中,1户位于海边,33户位于湖边,15户位于江河边,23户位于低洼地,4户位于水库边,1户位于池塘边,5户没有选填,各占1.22%、40.24%、18.29%、28.05%、4.88%、1.22%、6.10%(见图3-3)。问卷中,较多的珍珠养殖户在湖边养殖珍珠。

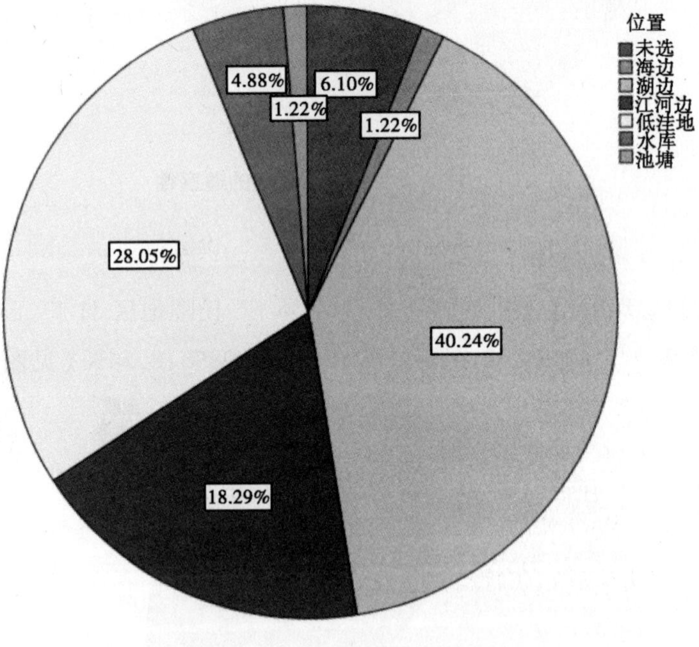

图3-3 珍珠养殖池地理位置

4. 蚌池距离县城(或市区)

调查户中,15户选勾"10公里以内",34户选勾"10~30公里",28户选勾"30~50公里",5户没有勾选,各占18.29%、41.46%、34.15%、6.10%,"50公里以上"者没有(见图3-4)。珍珠养殖池离县城或市区绝大多数在30公里左右。

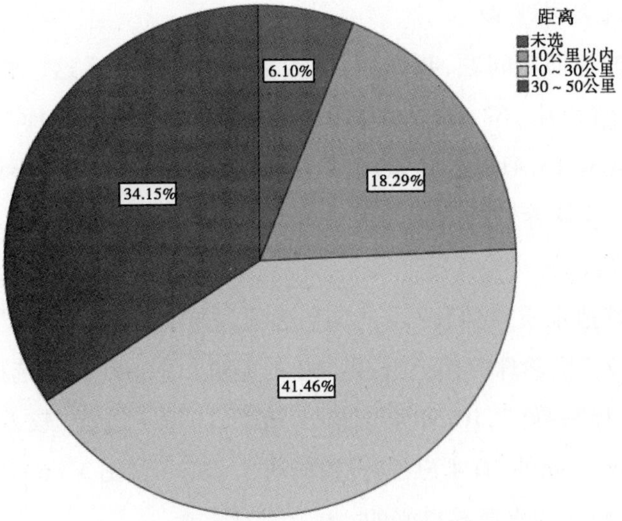

图 3－4　珍珠养殖地距离县城(或市区)情况

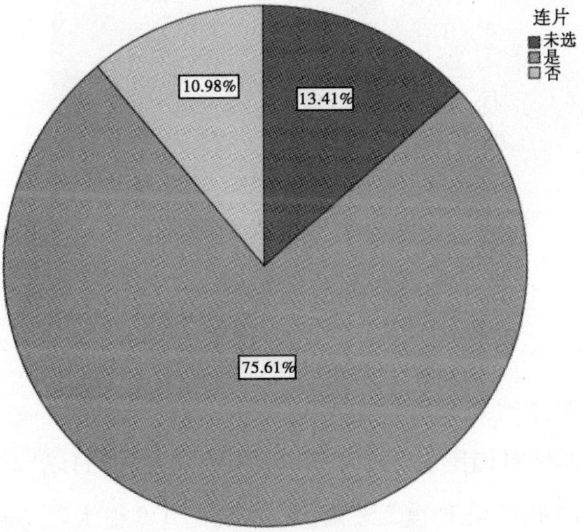

图 3－5　珍珠养殖池连片情况

5. 蚌池插花现象

针对蚌池插花问题，我们设计了“蚌池是否连片”这一指标。82户珍珠养殖户中，62户选择“是”，占75.61%；9户选择“否”，占10.98%；还有13.41%的养殖户（11户）没有选择连片还是不连片（见图3-5）。珍珠养殖池的插花现象并不十分突出。

6. 蚌池水质

关于蚌池水质，我们设计了5个选项，即“优”、“较好”、“一般”、“较差”、“差”供珍珠养殖户选择。82户养殖户中，47.56%选择“优”，35.37%选择“较好”，10.98%选择“一般”，1.22%选择“较差”，认为“差”的没有。此外，有4户没有选择，占4.88%（见图3-6）。整体而言，珍珠养殖池的水质是良好的。

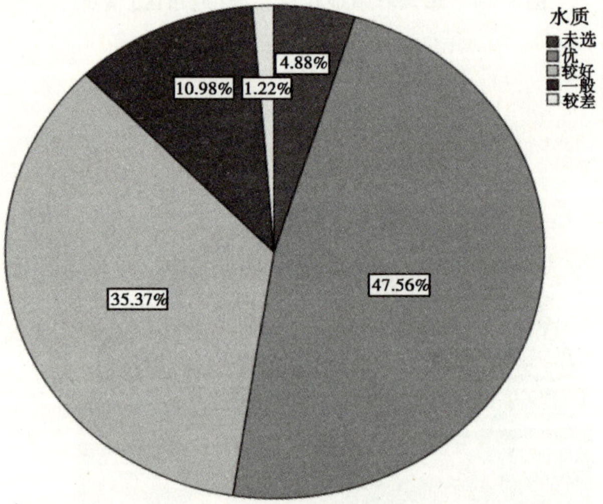

图3-6 珍珠养殖池水质

7. 珍珠养殖对周围农业生产的影响

在珍珠养殖对周围农业生产影响的问题上，我们以“珍珠养殖对周围农业生产的污染程度”来衡量，并给出了“很大”、“较大”、“一般”、“较小”、“微弱”5个选项。82户珍珠养殖户中，78户养殖户进行了选择,其中选择“一般”者有8户,占选择户的10.26%;选择“较小”者11户,占14.10%;选择“微弱”者59户,占75.64%;“很大”或“较大”没有哪户养殖户选勾(见表3-1)。当然,对上述选项,没有选择的养殖户也有4户。调查数据显示,珍珠养殖对农业生产的污染性很小。

表3-1 珍珠养殖对环境的影响 单位:户、%

指标	选择户	很大	较大	一般	较小	微弱
珍珠养殖对周围农业生产的污染	78	0	0	8	11	59
		0	0	10.26	14.10	75.64
珍珠养殖对周围居民生活的影响	78	0	0	11	16	51
		0	0	14.10	20.51	65.39

8. 珍珠养殖对周围居民生活的影响

我们设计了与“珍珠养殖对周围农业生产的污染程度”一样的5个选项。82户珍珠养殖户中,有4户(4.88%)珍珠养殖户没有表明态度,78户给予了选择。参与选择的养殖户中,14.10%的养殖户认为影响“一般”,认为“较小”、“微弱”则各占20.51%、65.39%;没有养殖户认为珍珠养殖对周围居民生活影响“很大”或“较大”(见表3-1)。数据表明:绝大多数珍珠养殖户认为珍珠养殖对周边居民的生活影响很小。

(二)人口与劳动力

1. 养殖户业主性别

82户珍珠养殖户中,业主以男性为主,占97.56%,仅有1户业主为女性,尚有1户没有选择(见图3-7)。

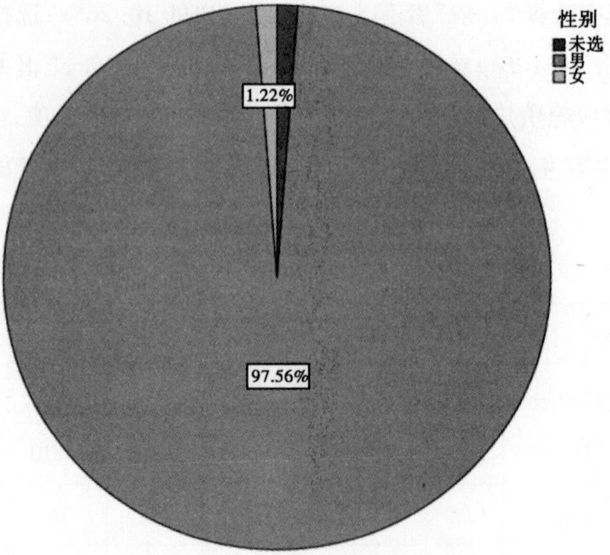

图 3－7　珍珠养殖户业主性别结构

2. 养殖户业主年龄

82 户珍珠养殖户中，除了 4 户没有填写年龄外，其他都说出了自己的年龄。在 78 户珍珠养殖户业主中，有 5 位年龄在 30 岁以下，占 6.41%；8 位年龄在 30～40 岁，占 10.26%；39 位年龄在 40～50 岁，占 50.00%；19 位年龄在 50～60 岁，占 24.36%；9 位年龄在 60 岁以上，占 11.54%（见表 3－2）。绝大多数养殖户业主的年龄在 40～50 岁之间。

表 3－2　珍珠养殖户年龄结构

	30 岁以下	30～40	40～50	50～60	60 岁以上
户数(户)	5	8	39	19	9
比重(%)	6.41	10.26	50.00	24.36	11.54

3. 养殖户文化程度

在珍珠养殖户业主文化水平的询问上，有 3 户没有作答，15 户业主为小学文化,22 户业主为初中文化,39 户业主有高中或中专文化水平,有 3 户业主具有大专及以上文化水平。高中以上文化水平者占多数。若以家庭成员最高文化程度论,则有 41 户达大专及以上,占选择户(76 户)的 53.94%,34 户具有高中或中专水平,占选择户的 44.74%,只有 1 户在初中档次(见表 3-3)。珍珠养殖户多数具有高中以上文化水平。

表 3-3 珍珠养殖户文化程度 单位:户、%

	户数合计	文盲	小学	初中	高中或中专	大专及以上
业主文化程度	79	0	15	22	39	3
		0	18.99	27.85	49.37	3.79
家庭最高文化程度	76	0	0	1	34	41
		0	0	1.32	44.74	53.94

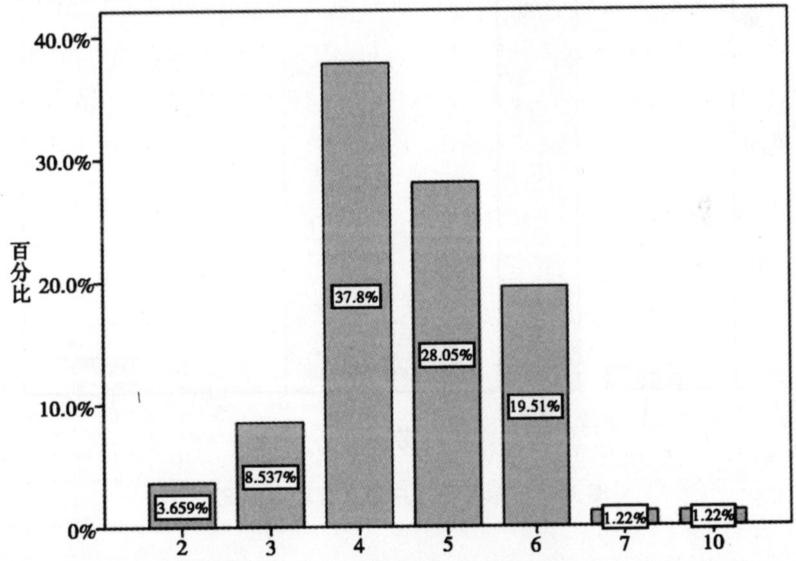

图 3-8 珍珠养殖户家庭人口数

4. 养殖户人口规模

82户珍珠养殖户中,2口之家3户,3口之家7户,4口之家31户,5口之家23户,6口之家16户,7口之家1户,10口大家庭1户。多数养殖户家庭人口规模在4、5、6人,各占37.80%、28.05%、19.51%(见图3-8),4口之家相对较多。

5. 养殖户劳动力规模与使用

(1)家庭劳动力数。

问卷中有81户珍珠养殖户进行了填写。珍珠养殖户家中劳动力基本情况是:1个、2个、3个、4个、5个、6个者各有2户、35户、13户、27户、1户、3户。多数珍珠养殖户的家庭劳动力在2和4个之间(见图3-9),占92.59%。

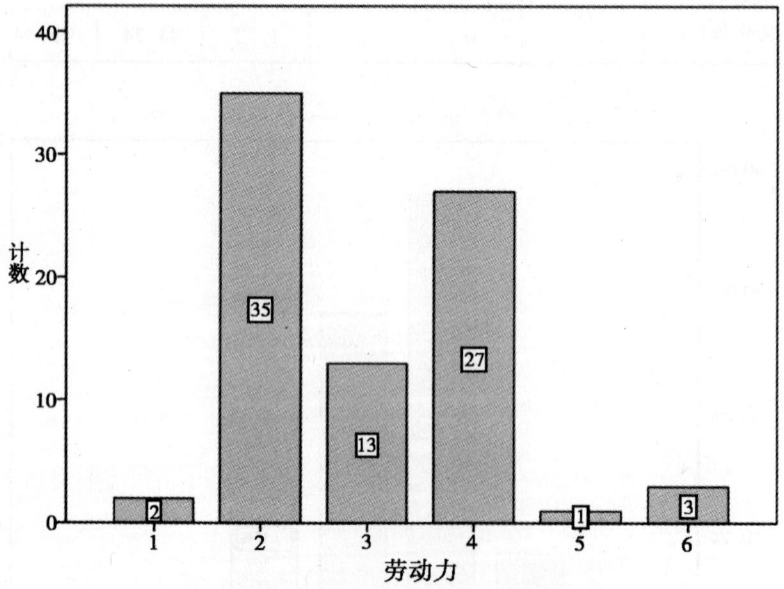

图3-9 珍珠养殖户家庭劳动力情况

(2)务农劳动力。

珍珠养殖户家中务农劳动力:1 位者 5 户,2 位者 56 户,3 位者 6 户,4 位者 7 户,6 位者 1 户(见图 3 - 10)。在进行选填的 75 户珍珠养殖户中,有 2 位劳力务农的家庭占很大比重,为 74.67%。

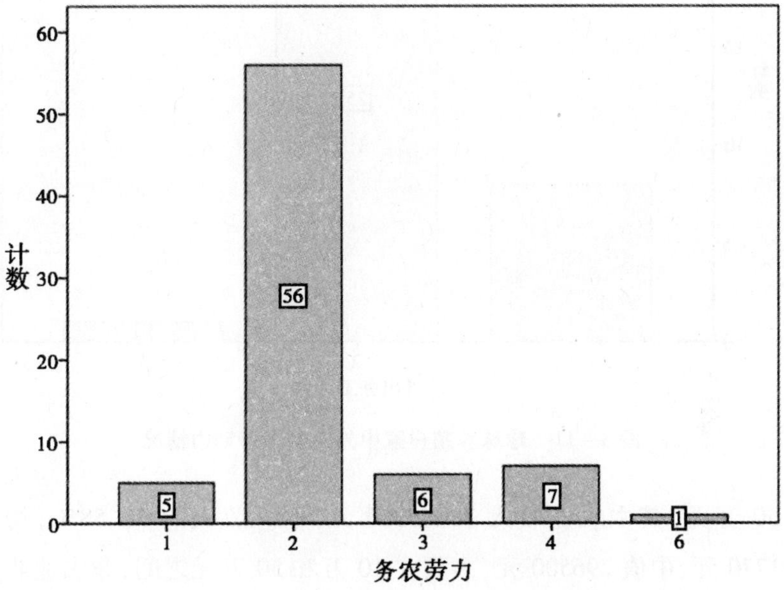

图 3 - 10　珍珠养殖户家中务劳劳动力情况

(3)外出务工劳动力。

珍珠养殖户家庭中,1 位外出务工劳动力的养殖户为 8 户,2 位者有 25 户,3 位者 1 户(见图 3 - 11)。样本中,有劳动力外出务工的珍珠养殖户也不少,占 41.46%。

(三)生产资金

1. 珍珠养殖户收入

根据 77 户珍珠养殖户提供的数据汇总可知,珍珠养殖户总收入 40005300 元,每户平均 519549 元,中值为 318000 元,多数在 10 万元

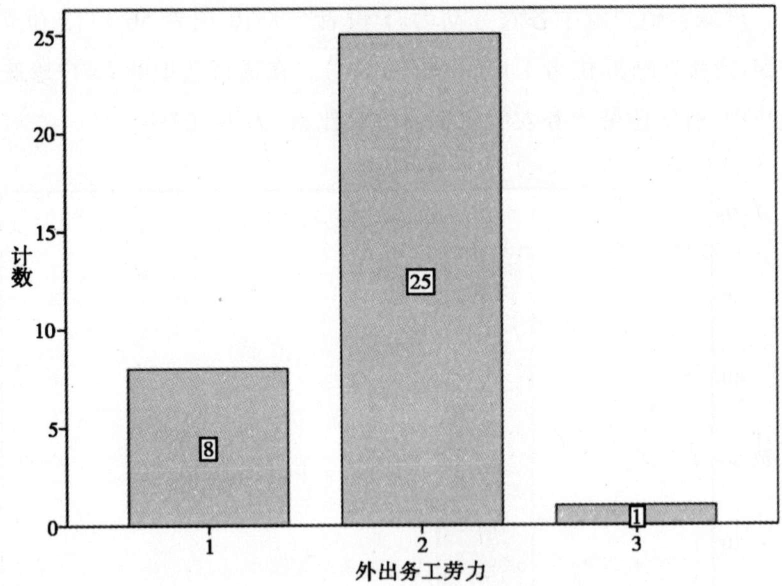

图 3－11　珍珠养殖户家中外出务工劳动力情况

～50 万元，其中农业收入 38636300 元，占总收入的 96.58%，均值 501770 元，中值 296500 元，多数在 10 万和 50 万元之间；非农业收入 1369000 元，占 3.42%，均值 39114 元，中值 40000 元，均在 10 万元以内（见表 3－4、表 3－5）。

表 3－4　珍珠养殖户收入　　单位：户、元

	总收入	农业收入	珍珠养殖收入	非农业收入
户数	77	77	77	35
总和	40005300	38636300	36638300	1369000
均值	519549	501770	475822	39114
中值	318000	296500	275000	40000

表 3－5　珍珠养殖户收入分组

收入区间（万元）	总收入计（户）	比重（%）	农业收入计（户）	比重（%）	非农业收入（户）	比重（%）
1～10	9	11.68	10	12.99	35	100
10～20	14	18.18	17	22.08	–	–
20～30	14	18.18	12	15.58	–	–
30～40	6	7.79	6	7.79	–	–
40～50	9	11.68	9	11.68	–	–
50～100	16	20.78	14	18.18	–	–
100～200	7	9.09	7	9.09	–	–
200～500	2	2.60	2	2.60	–	–

农业收入来源中，多数养殖户以渔业收入为主，渔业中又以珍珠

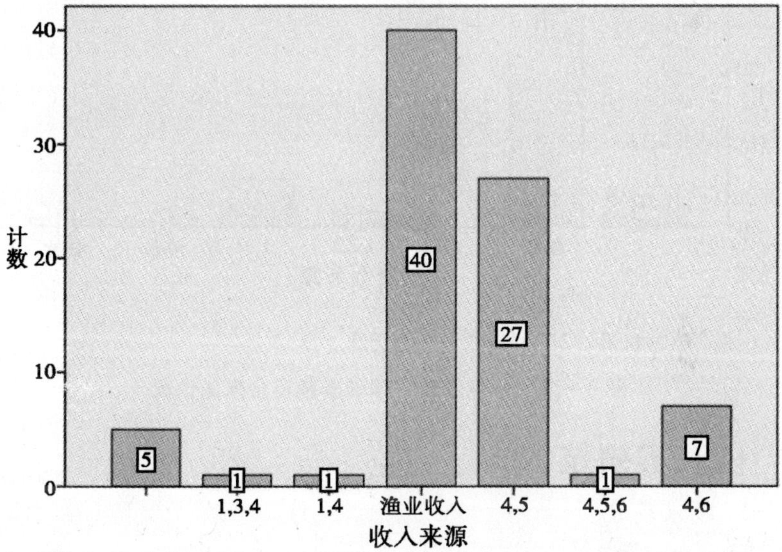

注："1"为种植业收入，"2"为畜牧业收入，"3"为林果业收入，"4"为渔业收入，"5"为外出务工比商收入，"6"为其他收入。

图 3－12　珍珠养殖户收入来源情况

养殖收入为主。非农业收入中,以外出务工经商收入为主,少部分来自于其他收入(见图3-12)。

2. 珍珠养殖资金来源

珍珠养殖户珍珠养殖资金来源以自筹为主,77户选填资金来源中就有75户(资金全部自筹的养殖户51户),向银行贷款的9户,向外借款的3户(见图3-13)。

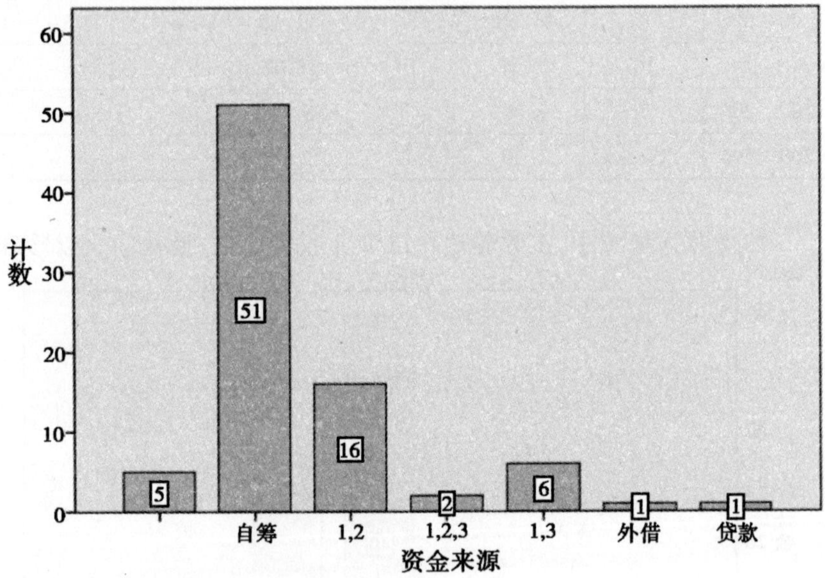

注:“1”为自筹,“2”为外借,“3”为贷款。

图3-13 珍珠养殖户珍珠养殖资金来源情况

(四)养殖技术

1. 技术获取

问卷设计了“参加技术培训”、“养殖能手和本地专家指导”、“阅览报刊书籍”、“收看电视、上网查找”、“自己的经验积累”、“其他”6个选项供填写对象勾选。82户养殖户中,单靠“养殖能手和本地专家指导”者5户、“收看电视、上网查找”者1户、“自己的经验积累”7户;

63 户从多个渠道获取技术，其中“参加技术培训”47 户、“养殖能手和本地专家指导”51 户、“阅览报刊书籍”6 户、“收看电视、上网查找”27 户、“自己的经验积累”49 户；没有勾选的养殖户也有 6 户（见表 3－6）。多数珍珠养殖户都有参加技术培训或从养殖能手和本地专家获得指导的经历。

表 3－6　珍珠养殖户对技术的获取情况

选项	户数(户)	占比(%)
1,2	3	3.7
1,2,3	1	1.2
1,2,3,4,5	3	3.7
1,2,3,5	1	1.2
1,2,4	7	8.5
1,2,4,5	10	12.2
1,2,5	12	14.6
1,4	4	4.9
1,4,5	1	1.2
1,5	5	6.1
2	5	6.1
2,4,5	1	1.2
2,5	13	15.9
3,4,5	1	1.2
4	1	1.2
4,5	1	1.2
5	7	8.5
没选	6	7.3
合计	82	100.0

注:“1”代表“参加技术培训”,“2”代表“养殖能手和本地专家指导”,“3”代表“阅览报刊书籍”,“4”代表“收看电视、上网查找”,“5”代表“自己的经验积累”。

2. 新品种、新技术接受意向

对“新品种和新技术的态度”,问卷设计了“完全接受”、“基本接受”、“更加偏向传统品种和技术”、“从众”4个选项。“基本接受”又设计了“品种的适应性”、“养殖技术难度”、“生产成本”、“市场前景”、“其他(文字说明)”5个选项。82户养殖户中有55户表示“完全接受”,占67.07%;21户表示“基本接受”,占25.61%;6户没有勾选,占7.32%(见图3-14);选择“更加偏向传统品种和技术”或“从众”者没有,说明珍珠养殖户者都愿意接受珍珠新品种和养殖新技术。“基本接受”的养殖户有7户出于“品种的适应性”考虑,9户考虑“养殖技术难度”,12户考虑“生产成本”,21户考虑“市场前景”,整体而言,珍珠养殖户对新品种、新技术基本接受主要出于市场前景考虑。

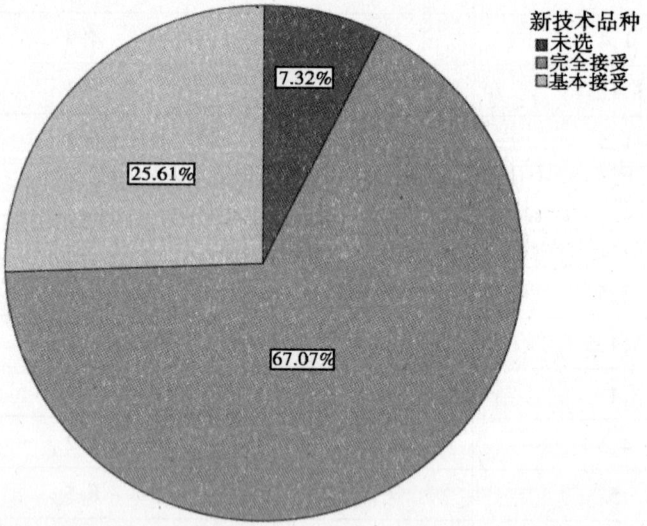

图3-14 珍珠养殖户对新技术新品种的态度

(五)生产经营方式

生产经营方式用“蚌池获得方式”和“蚌池经营方式”2 个指标加以反映。

1. 蚌池获得方式

问卷中有 7 个选项,即“承包”、“转包”、“租赁”、“互换”、“代营”、“入股”、“其他”。82 户养殖户中,56 户经营的蚌池全为承包,5 户全为转包,8 户全为租赁;既有承包又有转包者 2 户,既有承包又有租赁者 2 户,承包、转包、租赁同有者 1 户;没有选填者 4 户(见图 3 - 15)。多数养殖户的珍珠养殖池通过承包的方式获取。

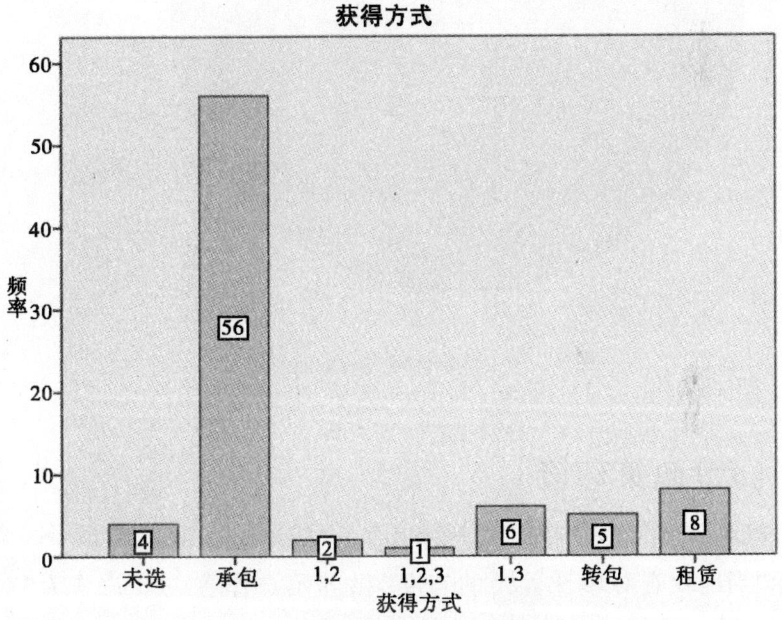

图 3 - 15　珍珠养殖户蚌池获得方式

2. 蚌池经营方式

问卷中给了“独资”、“合资”2 个选项供珍珠养殖户选择。82 户养殖户中,独资 64 户,占 78.05%;合资 13 户,占 15.85%;独资 + 合资 1 户,占 1.22%;没有选择者 4 户,占 4.88%(见图 3 - 16)。多数养殖户以独资经营的方式养殖珍珠。

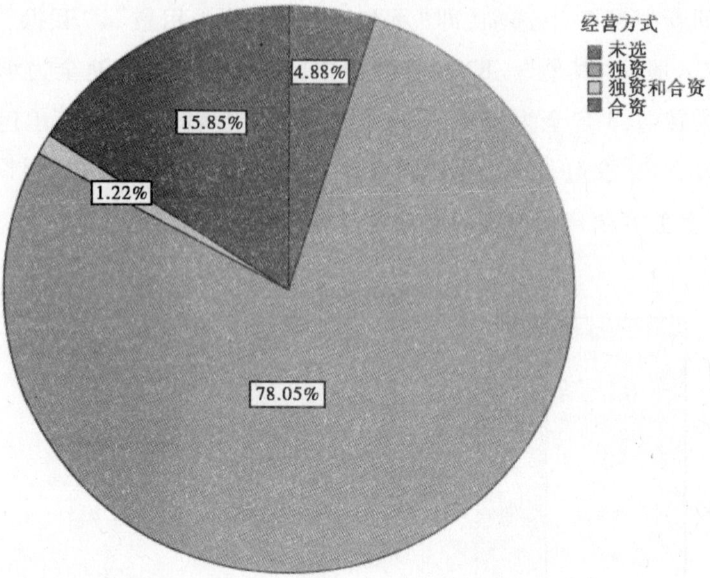

图 3 - 16 珍珠养殖户蚌池经营方式

(六)政策环境

政策对珍珠养殖的影响,养殖户有自己的看法。问卷中拟了一个指标“当地政府对珍珠养殖的态度”供养殖户作答。66 户认为“鼓励”,占 80.49%;11 户认为“不限制”,占 13.31%;1 户认为“限制”,占 1.22%;4 户没有选填,占 4.88%(见图 3 - 17),多数珍珠养殖户认为当地政府是鼓励珍珠养殖的。

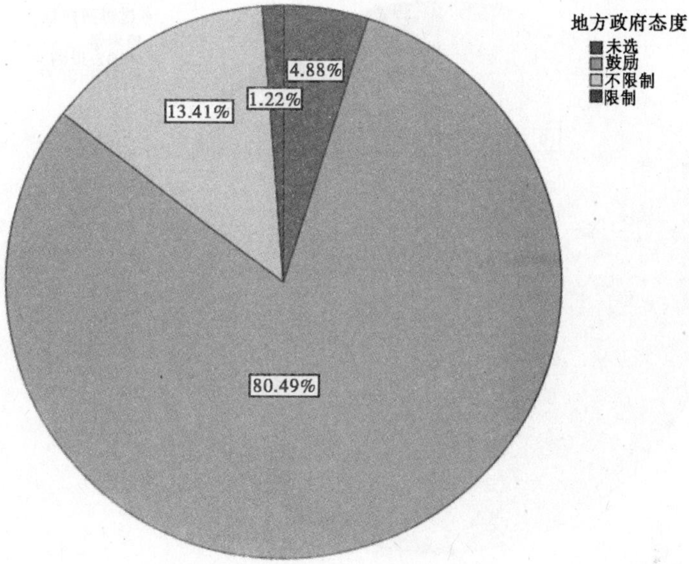

图 3－17　当地政府对珍珠养殖的态度

(七)社会习俗

社会习俗在问卷调查中用“本村珍珠养殖户多少”和“本村珍珠养殖户占比”2 个指标显现。前者有 3 个选项:10 户以内、10～100 户、100 户以上。后者有 5 个选项:1% 以内、1% ～10% 、10% ～30% 、30% ～50% 、50% 以上。82 户珍珠养殖户中,68. 29% 的养殖户认为本村珍珠养殖户不超过 10 户,19. 51% 的养殖户认为本村珍珠养殖户超过 10 户,12. 20% 的养殖户没有选择(见图 3 － 18)。43 户(占调查户的 52. 44%)养殖户认为本村珍珠养殖户不超过全村总户数的 1% ,28 户(34. 15%)认为珍珠养殖户占全村总户数的 1% ～10% ,另外 11 户(13. 41%)则没有勾选(见图 3 －19)。珍珠养殖户在本村中所占的比例不大,尚没有形成家家养殖经营珍珠之势。

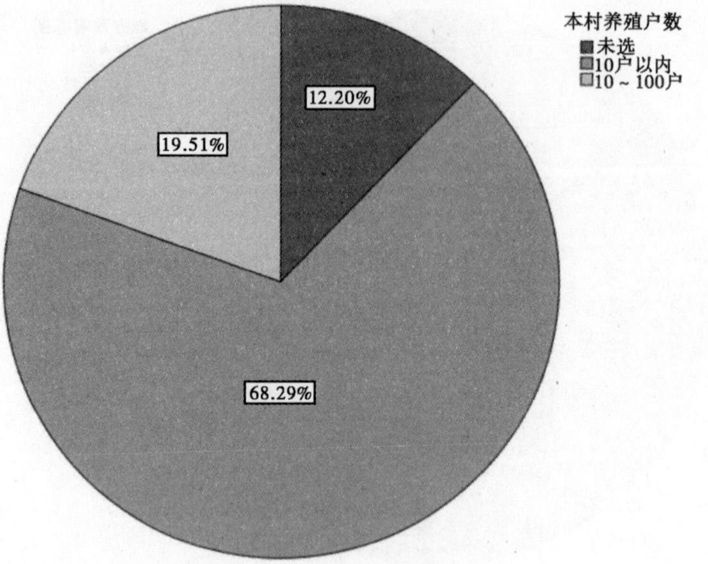

图 3－18　本村珍珠养殖户户数

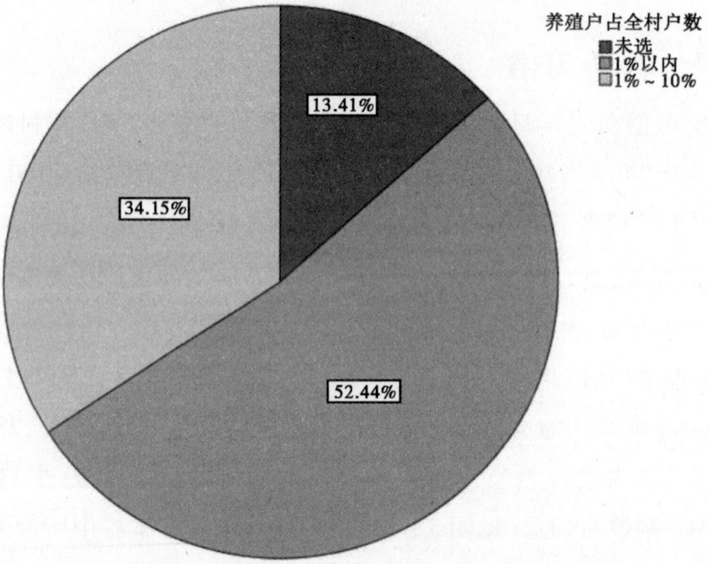

图 3－19　本村珍珠养殖户占全村总户数的比重

三、珍珠养殖经营能力分析

(一)养殖能力

1. 蚌池经营

在对蚌池填写了数字的75份有效问卷中,珍珠养殖户经营管理蚌池数最多者为30个,最少为1个,平均为3.2个,中值2个。低于平均数的养殖户有65户,占86.7%;高于平均数的养殖户10户,占13.3%。经营1个蚌池的珍珠养殖户最多,占48.0%,经营18个、20个、30个蚌池者最少,均占1.333%(见图3-20)。多数珍珠养殖户经营管理1~2个蚌池。

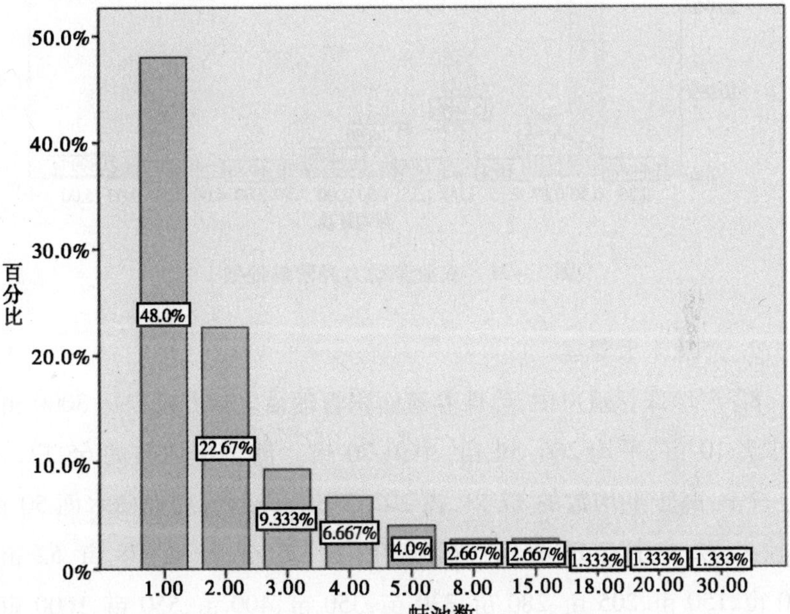

图3-20 珍珠养殖户经营蚌池数

珍珠养殖户中每个农业劳动力经营蚌池数，在69份有效问卷中，最多为15个，最少为0.25个，平均为1.50个，中值0.50个。经营数低于平均数者54个，占78.26%；高于平均数者15个（含平均数1.50个者），占21.74%。珍珠养殖户中多数2个或1个劳动力经营管理1个珍珠养殖池，其比重各为50.72%、15.94%（见图3－21）。

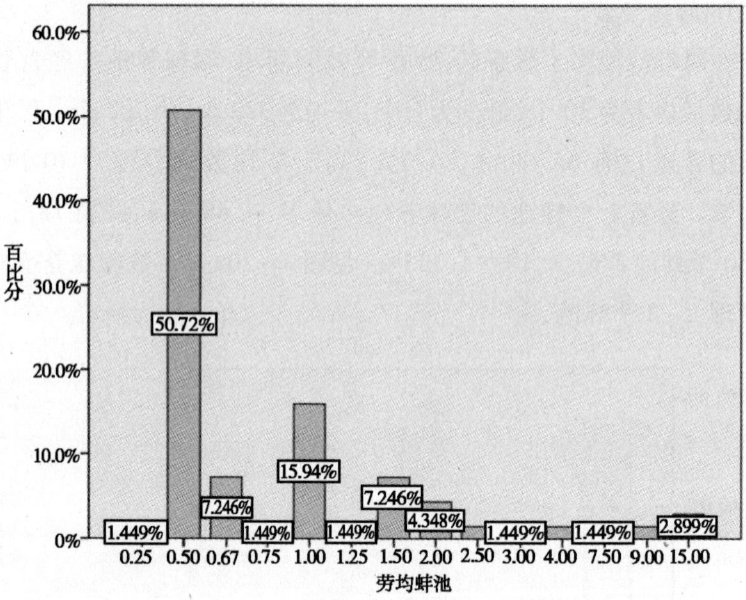

图3－21　农业劳动力经营蚌池数

2. 养殖水面管理

82户珍珠养殖户中，珍珠养殖面积管理最多的养殖户达3000亩，最少者10亩，平均266.59亩，中值70亩。低于平均数的65户，占79.27%；高于平均数的17户，占20.73%。经营管理养殖水面50亩者较多，82户中有10户；经营管理12亩、25亩、28亩、38亩、52亩、130亩、150亩、205亩、280亩、330亩、350亩、400亩、550亩、1600亩、2000亩者较少，均为1户（见图3－22），绝大部分珍珠养殖户经营管理 20～50 亩珍珠养殖水面。

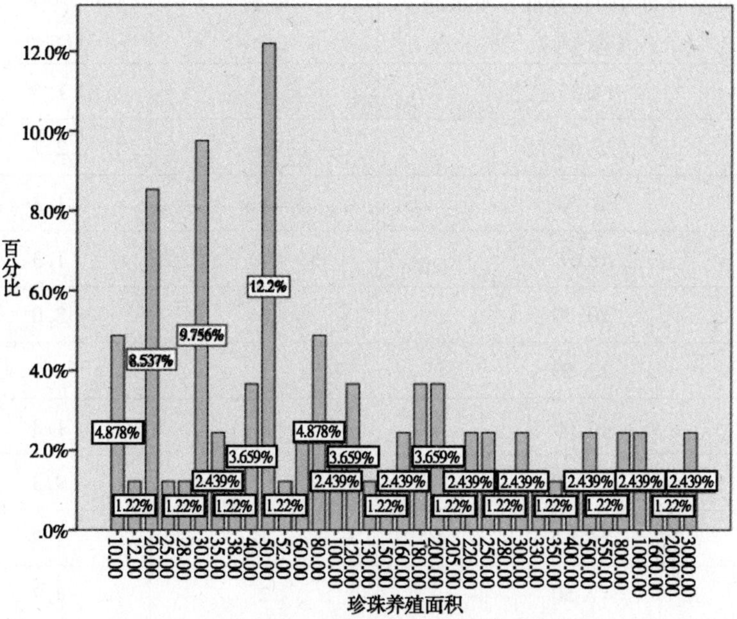

图 3－22　珍珠养殖户管理珍珠养殖水面

珍珠养殖户中每个农业劳动力经营管理珍珠养殖水面，最多为 3000 亩，最少为 3.33 亩，平均 104.22 亩，中值为 25.0 亩。经营管理面积低于平均数者 61 个，占 81.33%；高于平均数者 14 个，占 18.67%。劳均经营管理 25.0 亩养殖水面的珍珠养殖户较多，共有 9 户，其次是 10 亩、15 亩、20 亩、40 亩，各有 6 户、7 户、5 户、6 户，劳均经营管理 10～40 亩养殖水面的珍珠养殖户占总样本户的 54.67%（见表 3－7）。

表3-7 农业劳动者经营管理珍珠养殖水面情况

农业劳动力经营珍珠养殖水面（亩/人）	频数（个）	占比（%）
3.33	1	1.3
5.00	2	2.7
6.00	1	1.3
6.67	1	1.3
10.00	6	8.0
12.50	1	1.3
14.00	1	1.3
15.00	7	9.3
16.67	1	1.3
17.50	2	2.7
19.00	1	1.3
20.00	5	6.7
25.00	9	12.0
26.00	1	1.3
30.00	1	1.3
40.00	6	8.0
50.00	2	2.7
55.00	1	1.3
60.00	2	2.7
62.50	1	1.3
65.00	1	1.3

续表

农业劳动力经营珍珠养殖水面（亩/人）	频数（个）	占比（%）
75.00	1	1.3
80.00	1	1.3
90.00	3	4.0
100.00	2	2.7
102.50	1	1.3
110.00	1	1.3
116.67	1	1.3
125.00	1	1.3
137.50	1	1.3
140.00	1	1.3
150.00	1	1.3
165.00	1	1.3
200.00	1	1.3
250.00	2	2.7
333.33	1	1.3
400.00	2	2.7
3000.00	1	1.3
合计	75	100.0

3. *劳动力聘用*

82户珍珠养殖中，聘用劳动力参与经营管理者有37户，占45.12%，仅靠自家人经营管理者45户，占54.88%（见图3－23）。聘用和不聘用他人参考珍珠养殖的户数几乎对半。

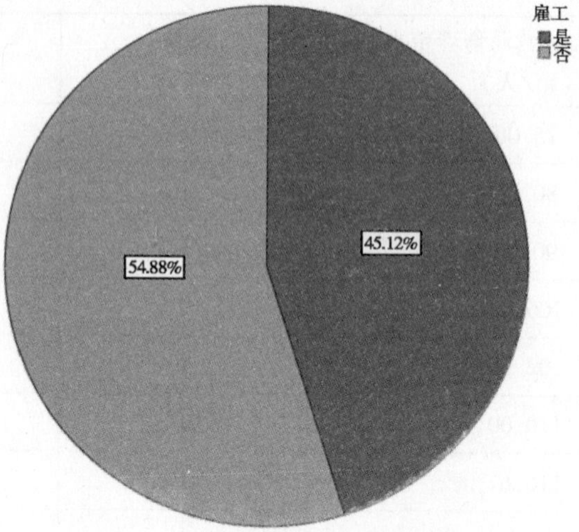

图 3-23 珍珠养殖户劳动力聘用构成

4. 蚌池养殖

蚌池养殖珍珠,问卷中设计了“单养珍珠”、“鱼蚌混养”2 个选项。有 78 户珍珠养殖户进行了勾选,4 户没有选择。选“单养珍珠”者只有 1 户,占 1.22%;77 户选“鱼蚌混养”,占 93.90%(见图 3-24);若以选择

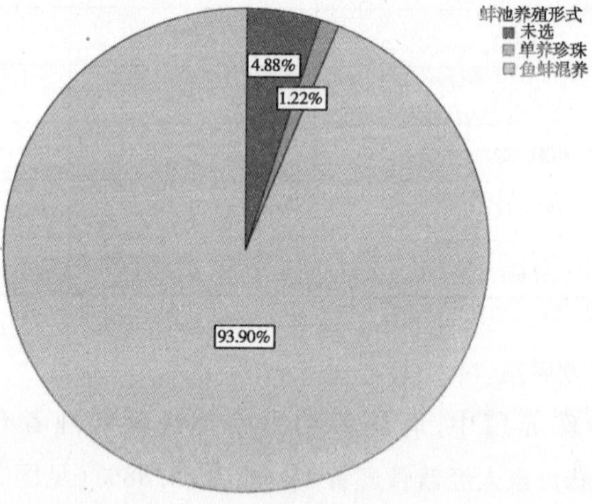

图 3-24 蚌池珍珠养殖形式

者测算，则前者占1.28%，后者占98.72%，几乎全部实行鱼蚌混养。

(二)储运加工能力

1. 保存条件

珍珠贮藏保鲜条件，问卷中给了“很好”、“较好”、“一般”、“不足”4个选项。5户自认“很好”，26户认为“较好”，39户认为“一般”，3户自我感觉“不足”，9户没有选择，占比依次为6.10%、31.71%、47.56%、3.66%、10.98%（见图3-25）。珍珠养殖户对珍珠养殖产品的贮藏保鲜条件多为“一般”或“稍好”。

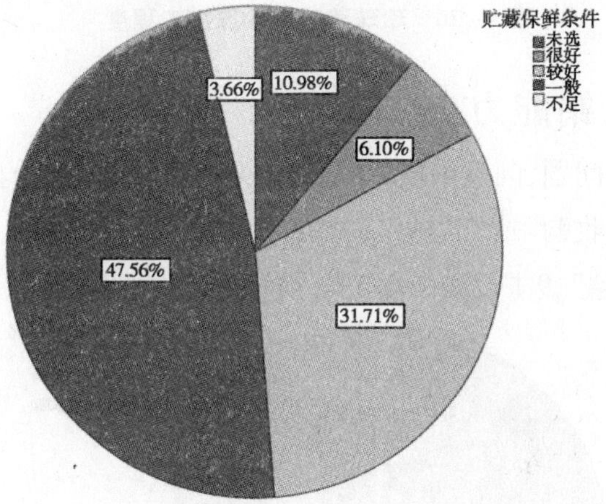

图3-25　珍珠养殖户珍珠贮藏保鲜条件结构

2. 加工状况

关于珍珠加工问题，问卷中以“珍珠加工度”进行询问，并给了3个选项，即“不加工”、“粗加工”、“精加工”供选择。回收的82户问卷中，有61户选择了“不加工”，占回收卷的74.39%；14户选择“粗加工”，占17.07%；选择“精加工”者没有，没选择者7户，占8.54%（见图3-26）。多数养殖户的珍珠在没有加工的情况下出售。

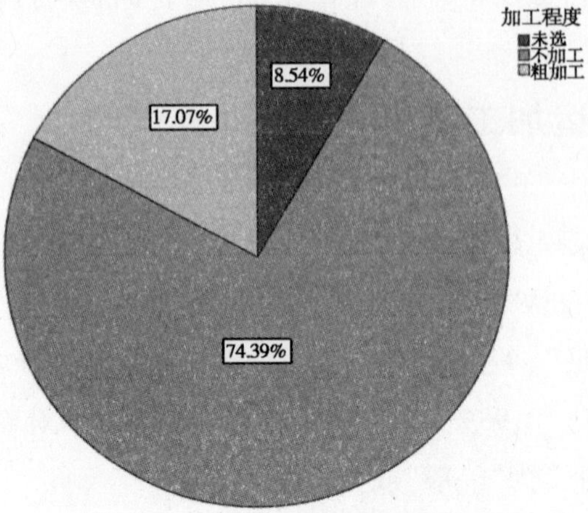

图 3－26　珍珠养殖户珍珠加工程度

(三)营销能力

珍珠营销问题,问卷中以“市场上自销”、“收购商收购”、“签订协议的企业统一收购”或“其他”方式进行询问。7 户“市场上自销”,57 户“收购商收购”,9 户为“市场上自销”或“收购商收购”, 1 户为“收

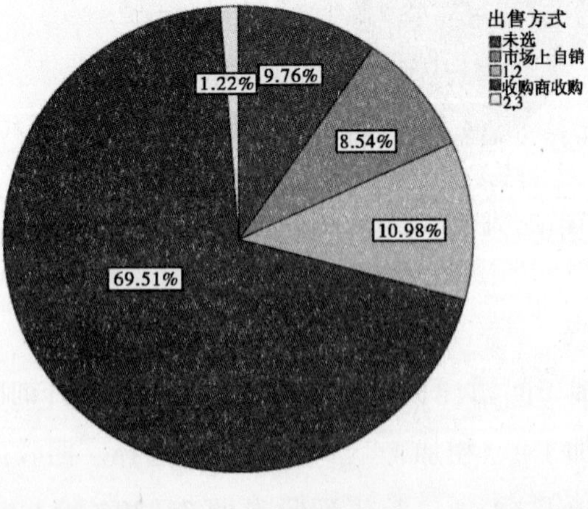

注:“1”表示市场上自销。“2”表示收购商代购。“3”表示签订协议的企业收购。

图 3－27　珍珠养殖户珍珠销售方式构成

购商收购”或“签订协议的企业统一收购”，另有 8 户没有选择，各占 8.54%、69.51%、10.98%、1.22%、9.76%（见图 3－27）。珍珠养殖户生产的珍珠多为“收购商自由收购”，采取订单式由企业收购者较少。

收购商对珍珠的质量要求，60 户认为“很严”，17 户认为“较严”，5 户没有选择，占比各为 73.17%、20.73%、6.10%（见图 3－28）。绝大多数珍珠养殖户认为珍珠商对珍珠质量要求很严。

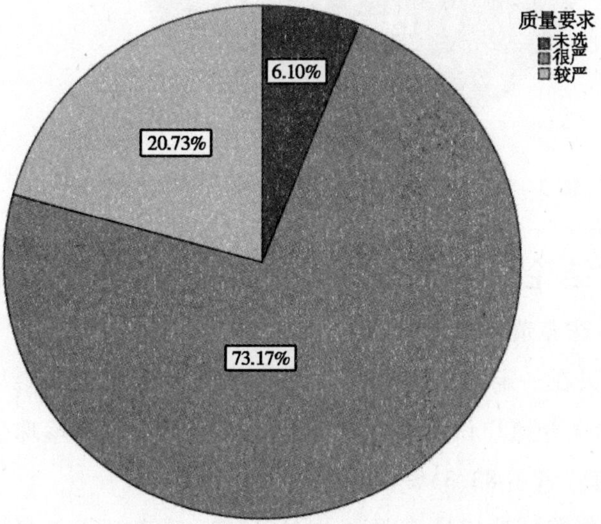

图 3－28　珍珠养殖户对收购商在珍珠质量要求上的评价

珍珠价格波动，5 户认为“10% 以内”，13 户认为“10% ~30%”，38 户认为“30% ~50%”，16 户认为“50% ~100%”，4 户认为“100% 以上”，6 户没有做出评价，各占 6.10%、15.85%、46.34%、19.51%、4.88%、7.32%（见图 3－29）。绝大多数珍珠养殖户认为珍珠价格波动是很大的。

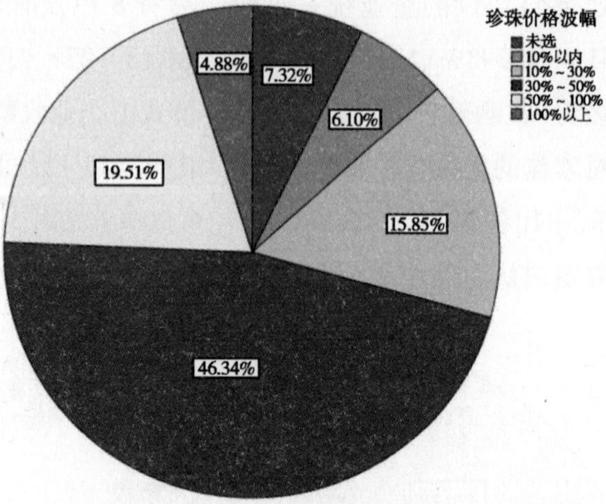

图 3－29　珍珠养殖户对珍珠价格波动幅度的评价

(四)结论

当前珍珠养殖环境资源状况,通过问卷调查得知:

(1)珠贝在一定的光、热、水、气条件下生存和成长。参与调研的绝大多数珍珠养殖户认为当地的气候条件适宜于发展珍珠生产。其中认为"适宜"者占 83.33%,"一般"者占 16.67%。

(2)珍珠养殖池地处平原区占 46.67%,丘陵地区占 41.33%,山区占 12.00%。位于海边、湖边、江河边、低洼地、水库、池塘各占 1.30%、42.85%、19.48%、29.87%、5.20%、1.30%。离县城或市区"10 公里以内"占 19.49%、"10～30 公里"占 44.15%、"30～50 公里"占 36.34%,多在 30 公里左右。

(3)珍珠养殖池插花现象不十分突出,集中连片的蚌池占 87.32%,不集中连片的占 12.68%。每个蚌池的平均面积 83.8 亩,小者不足 5 亩,大者 500 余亩,大小相差很大。蚌池水质:"优"者占 50.64%、"较好"占 37.66%、"一般"占 11.69%、"较差"占 1.21%,整体良好。

(4)珍珠养殖对农业生产的影响,10.26%的养殖户认为影响"一般",14.10%的养殖户认为影响"较小",75.64%的养殖户认为影响"微弱"。珍珠养殖对周围居民生活的影响,认为"一般"者占14.1%,"较小"者占20.51%,"微弱"者占65.39%。整体而言,珍珠养殖对农业生产、居民生活环境的影响都很小。

(5)珍珠养殖户中,业主以男性为主,占98.76%,女性仅为1.24%;年龄多在40和50岁之间,占50.00%;文化程度多数有高中以上水平,占53.18%,若以家庭成员最高文化水平论,则有53.94%的养殖户具有大专以上文化程度。85.36%的珍珠养殖户家庭人口规模在4~6人,92.59%的珍珠养殖户从业人员在2和4个之间,74.67%的养殖户有2位劳动力务农,近一半的珍珠养殖户有劳动力外出务工经商。

(6)珍珠养殖户收入,最高为500万元,最低为4万元,多数在10万元和50万元之间,中值为31.80万元,户均51.95万元。农业收入占总收入的96.58%。农业收入中,最高者为500万元,最低为3万元,多数在10万元和50万元之间,中值29.65万元,均值50.18万元,且以渔业收入为主,渔业中又以珍珠养殖收入为主。非农业收入中,以外出务工经商收入为主,少部分来自于其他收入。

(7)珍珠养殖户珍珠养殖资金来源以自筹为主,占97.40%,其中全靠自筹的养殖户占66.23%,向银行贷款和向外借款者不多。

(8)对珍珠养殖技术的获得,82.89%的珍珠养殖户通过"参加技术培训"、"养殖能手和本地专家指导"、"阅览报刊书籍"、"收看电视、上网查找"等渠道获取,也有6.58%的养殖户专门依靠养殖能手和本地专家指导,1.32%的养殖户单靠网络、电视获取养殖技术,还有9.21%的养殖户只凭自己的经验积累从事珍珠养殖活动。对新品种、新技术,72.37%的养殖户表示"完全接受",也有27.63%的养殖户表示“基本接受”。养殖户对新品种、新技术之所以基本接受，主要出于“市场前景”方面的考量，也有些养殖户对“品种的适应性”、“养殖技术难度”、“生产成本”等问题有所担心。

(9)对珠贝养殖池的获得，71.79%的珍珠养殖户通过承包而来，6.41%的养殖户通过转包而得，10.26%的养殖户则通过租赁而来，还有少部分养殖户形式多样，既有承包也有转包、租赁等。82.05%的珍珠养殖户独资经营蚌池，16.67%的养殖户合资经营蚌池，还有1.28%的养殖户对蚌池采取独资加合资的方式经营。

(10)当地政府对珍珠养殖的态度，84.62%的养殖户认为“鼓励”，14.10%的养殖户认为“不限制”，也有1.28%的养殖户认为“限制”。

(11)本村珍珠养殖户，77.78%的养殖户认为不足10户，22.22%的养殖户认为超过10户。珍珠养殖户占全村的户数，60.56%的养殖户认为不超过1%，39.44%的养殖户认为在1%和10%之间。

(12)珍珠养殖户经营管理蚌池数最多者为30个，最少为1个，平均为3.2个。低于平均数的养殖户有65户，占86.7%，高于平均数的养殖户10户，占13.3%。经营1个蚌池者最多，占48.0%；超过15个蚌池者不多，仅占3.99%。每个农业劳动力经营蚌池数，最多为15个，最少为0.25个，平均1.50个。经营数低于平均数者54个，占78.26%；高于平均数者15个(含平均数1.50个者)，占21.74%。珍珠养殖户中多数2个或1个劳动力经营管理1个珍珠养殖池。

(13)珍珠养殖户经营管理珍珠养殖面积最多者达3000亩，最少者10亩，平均266.59亩。珍珠养殖户中每个农业劳动力经营管理珍珠养殖水面，最多为3000亩，最少为3.33亩，平均104.22亩。劳均经营管理面积低于平均者61个，占81.33%；高于平均数者14个，占18.67%。劳均经营管理养殖水面，多数在10~40亩。聘用劳动力参与经营管理者占45.12%，仅靠自家人经营管理者占54.88%。聘用和不聘用他人参与珍珠养殖的户数几乎对半。

(14)蚌池珍珠养殖,单养珍珠者仅占1.28%,鱼蚌混养者达98.72%。几乎全部采取鱼蚌混养的方式,对蚌池开展珍珠养殖活动。

(15)珍珠贮藏保鲜条件,有6.85%的养殖户自认“很好”,35.62%的养殖户认为“较好”,53.42%的养殖户认为“一般”,4.11%的养殖户自我感觉“不足”。贮藏保鲜条件多为“一般”或“稍好”。

(16)多数养殖户生产的珍珠在没有加工的情况下出售,仅有18.67%的养殖户会对珍珠进行简单的加工后再出售。9.46%的珍珠养殖户在市场上自销珍珠,77.03%珍珠养殖户的珍珠通过收购商收购,12.16%珍珠养殖户的珍珠为自销或收购商收购,还有1.35%的珍珠养殖户通过收购商或由签订协议的企业统一收购,订单式销售珍珠较少。收购商对珍珠的质量要求,77.92%的养殖户认为“很严”,22.08%户认为“较严”。至于珍珠价格的波动,6.58%的珍珠养殖户认为“10%以内”,17.11%的养殖户认为“10%~30%”,50.00%的养殖户认为“30%~50%”,21.05%的养殖户认为“50%~100%”,5.26%的养殖户认为“1倍以上”。绝大多数珍珠养殖户认为珍珠收购商对珍珠质量的要求很严,珍珠价格波动也很大。

第四章

珍珠养殖生产要素效益分析

珍珠养殖,是在一定的自然、经济、社会、技术条件下开展活动,目的是为了创造产品,获取收入,满足人类的生产、生活消费需要;在这一作业活动中,必然会产生经济效益、社会效益和生态效益。本章从生态资源、社会资源、经济资源、技术资源角度,对珍珠养殖主体所拥有或投入的生产要素的产出效益逐一进行具体的、客观的分析。

众所周知,某个环境资源的使用具有多种产出效应,同样,某一效应也是由多种环境资源共同作用的结果。为直观起见,本书中主要采取一对一的方式分析环境资源效应,即在假定其他环境和资源不变的情况下,对某一环境或资源的效应进行具体分析,适当探析环境资源效益中的“多因一果”和“一果多因”现象。

在问卷调查过程中有 66 户珍珠养殖户提供了详细、具体的珍珠产量、珍珠养殖收入、珍珠养殖成本等信息,我们以此为依据,对珍珠养殖的土地、劳动力、资本、技术等方面的效益进行评析。

一、珍珠养殖收益概况

(一)珍珠养殖产量

珍珠养殖户提供的数据表明(见表4-1),2010年66户(1户单养珍珠,65户鱼蚌混养)珍珠养殖户珍珠产量26699.38公斤,平均每户404.54公斤,产出珍珠中值228.75公斤/户,最少者8.13公斤,最多者2210.00公斤;65户生产其他水产品产量1194400.00公斤,平均18375.38公斤/户,中值12000公斤/户,最少者1250.00公斤,最多者120000.00公斤(见表4-2)。

(二)珍珠养殖收入

66户珍珠养殖户珍珠养殖总收入2713.43万元,占家庭总收入的96.87%,平均每户珍珠养殖收入41.11万元,中值26.15万元/户,最少收入者4.00万元,最多收入者179.30万元。其中:66户珍珠养殖户珍珠总收入1936.06万元,平均每户珍珠收入29.33万元,中值19.70万元/户,最少者2.00万元,最多者138.50万元。65户鱼蚌混养养殖户中其他水产品总收入778.37万元,平均每户其他水产品收入11.97万元,中值8.00万元/户,最少者1.00万元,最多者72.00万元(见表4-1、表4-2)。

66户珍珠养殖户珍珠养殖总支出2033.21万元。剔除3户没有提供家庭总支出的珍珠养殖户,则63户珍珠养殖户珍珠养殖总支出占家庭总支出的96.20%。66户珍珠养殖户平均每户珍珠养殖支出30.81万元,中值17.00万元/户,最少支出者1.80万元,最多支出者145.00万元(见表4-1、表4-2)。

66户珍珠养殖户珍珠养殖纯收入总计680.22万元,平均10.30

万元/户,中值9.21万元/户,最少收入者-102.00万元,最多收入者68.30万元;出现亏损的养殖户2户,占3.03%,盈利户64户,占96.97%(见表4-1、表4-2)。绝大多数珍珠养殖户2010年珍珠养殖均有盈利。

表4-1 珍珠养殖收益情况 单位:公斤、万元

样本	养殖总收入	其中				养殖总支出	纯收入
		珍珠		其他水产品			
		产量	收入	产量	收入		
1	14.00	8.13	6.50	7500.00	7.50	11.50	2.50
2	12.00	195.00	10.00	3000.00	2.00	9.00	3.00
3	120.00	2210.00	101.00	3150.00	19.00	100.00	20.00
4	5.00	100.00	5.00	0	0	3.40	1.60
5	6.00	75.00	4.00	3250.00	2.00	3.00	3.00
6	9.80	101.00	8.00	2000.00	1.80	2.17	7.63
7	4.00	40.00	2.00	4000.00	2.00	3.50	.50
8	4.00	40.00	3.00	1250.00	1.00	1.80	2.20
9	4.00	150.00	2.00	15000.00	2.00	22.90	-18.90
10	18.00	200.00	12.50	8000.00	5.50	120.00	-102.00
11	14.30	90.00	3.30	14000.00	11.00	11.60	2.70
12	14.50	81.25	6.50	8000.00	8.00	11.50	3.00
13	44.00	300.00	16.00	26000.00	28.00	38.00	6.00
14	22.00	200.00	12.00	12000.00	10.00	18.00	4.00
15	18.00	200.00	12.00	10000.00	6.00	11.00	7.00
16	42.00	600.00	36.00	9000.00	6.00	28.00	14.00
17	20.60	190.00	14.30	10500.00	6.30	12.90	7.70

续表

样本	养殖总收入	其中				养殖总支出	纯收入
		珍珠		其他水产品			
		产量	收入	产量	收入		
18	83.50	945.00	62.50	33750.00	21.00	65.40	18.10
19	45.30	468.00	35.80	16000.00	9.50	29.90	15.40
20	17.00	160.00	14.20	4500.00	2.80	6.50	10.50
21	23.48	223.00	15.80	12600.00	7.68	16.90	6.58
22	24.30	239.00	17.20	11400.00	7.10	17.10	7.20
23	18.20	167.50	12.60	7600.00	5.60	11.95	6.25
24	15.90	190.00	12.30	6000.00	3.60	11.80	4.10
25	179.30	1775.00	138.50	66000.00	40.80	111.00	68.30
26	77.20	930.00	61.60	26000.00	15.60	59.60	17.60
27	54.50	575.00	38.70	25900.00	15.80	42.10	12.40
28	36.38	290.00	32.50	6250.00	3.88	13.10	23.28
29	28.70	230.00	24.20	7250.00	4.50	9.60	19.10
30	42.40	430.00	33.50	14000.00	8.90	31.20	11.20
31	17.38	140.00	13.40	6450.00	3.98	10.20	7.18
32	37.70	425.00	27.90	16400.00	9.80	29.50	8.20
33	24.40	197.50	19.60	8000.00	4.80	15.00	9.40
34	24.80	115.00	21.50	5500.00	3.30	9.20	15.60
35	42.60	410.00	31.60	17500.00	11.00	32.25	10.35
36	12.10	90.00	7.60	7500.00	4.50	7.15	4.95
37	44.60	375.00	35.80	14900.00	8.80	23.50	21.10
38	22.20	210.00	19.80	4100.00	2.40	6.65	15.55

续表

样本	养殖总收入	其中				养殖总支出	纯收入
		珍珠		其他水产品			
		产量	收入	产量	收入		
39	31.80	280.00	25.80	11000.00	6.00	16.80	15.00
40	126.20	1225.00	92.60	56000.00	33.60	86.80	39.40
41	84.80	770.00	66.80	30000.00	18.00	53.10	31.70
42	120.00	600.00	48.00	120000.00	72.00	102.00	18.00
43	57.90	540.00	42.90	25000.00	15.00	44.50	13.40
44	165.00	1500.00	135.00	50000.00	30.00	145.00	20.00
45	77.50	640.00	49.00	47500.00	28.50	55.50	22.00
46	92.50	990.00	72.50	34000.00	20.00	80.60	11.90
47	5.60	47.50	4.10	2500.00	1.50	3.00	2.60
48	15.00	139.00	10.50	7500.00	4.50	10.30	4.70
49	46.54	499.00	32.66	21750.00	13.88	34.33	12.21
50	24.17	227.50	15.32	14250.00	8.85	14.90	9.27
51	14.76	146.00	9.60	7800.00	5.16	8.93	5.83
52	14.48	137.50	9.06	8150.00	5.42	8.50	5.98
53	31.93	312.50	20.68	17600.00	11.25	18.50	13.43
54	138.60	1085.00	83.40	69850.00	55.20	85.90	52.70
55	11.18	110.00	7.10	6350.00	4.08	8.15	3.03
56	19.44	206.00	14.10	8800.00	5.34	13.75	5.69
57	56.76	560.00	35.40	33750.00	21.36	41.50	15.26
58	22.84	223.00	15.78	11100.00	7.06	14.28	8.56
59	50.80	490.00	35.80	25000.00	15.00	42.00	8.80

续表

样本	养殖总收入	其中				养殖总支出	纯收入
		珍珠		其他水产品			
		产量	收入	产量	收入		
60	38.60	360.00	29.60	15000.00	9.00	18.30	20.30
61	27.50	226.00	16.30	16400.00	11.20	16.90	10.60
62	47.85	460.00	33.55	23250.00	14.30	33.90	13.95
63	63.03	660.00	41.25	34400.00	21.78	44.30	18.73
64	29.65	325.00	21.20	13750.00	8.45	20.50	9.15
65	14.81	140.00	9.56	8150.00	5.25	9.50	5.31
66	40.05	435.00	27.80	21300.00	13.25	33.60	6.45
合计	2713.43	26699.38	1936.06	1194400.00	778.37	2033.21	680.22

表4－2　珍珠养殖收益分析

单位：户、万元/户、公斤/户、万元、公斤

		养殖总收入	珍珠产量	珍珠收入	其他水产品产量	其他水产品收入	养殖总支出	纯收入
样本	有效	66	66	66	65	65	66	66
	缺失	0	0	0	1	1	0	0
均值		41.11	404.54	29.33	18375.38	11.97	30.81	10.30
中值		26.15	228.75	19.70	12000.00	8.00	17.00	9.21
总计		2713.43	26699.38	1936.06	1194400.00	778.37	2033.21	680.22

二、生态环境效益

(一)区位效应

1. 距离效应

珍珠养殖地距离县城或市区10公里以内的养殖户9户,户均养殖总收入32.96万元、珍珠产量273.71公斤、珍珠收入19.68万元;10~30公里的养殖户27户,户均养殖总收入37.56万元、珍珠产量373.43公斤、珍珠收入28.46万元;30~50公里的养殖户26户,户均养殖总收入50.90万元、珍珠产量512.54公斤、珍珠收入36.46万元。无论养殖总收入,还是珍珠产量、珍珠收入,距离县城或市区30~50公里的养殖户均高于10公里以内和10~30公里的养殖户,距离县城或市区10~30公里的养殖户又高于10公里以内的养殖户(见表4-3),也就是说,珍珠养殖地离县城或市区越远,珍珠养殖总收入、珍珠产量、珍珠收入越高。

表4-3 养殖地距离效益

蚌池距离县城(市区)	养殖户(户)	统计量	养殖总收入(万元)	珍珠产量(公斤)	珍珠收入(万元)
10公里以内	9	总量	296.62	2463.38	177.08
		户均	32.96	273.71	19.68
10~30公里	27	总量	1014.22	10082.50	768.42
		户均	37.56	373.43	28.46
30~50公里	25	总量	1272.59	12813.50	911.56
		户均	50.90	512.54	36.46
综合	61	总量	2583.43	25359.38	1857.06
		户均	42.35	415.73	30.44

2. 地貌效应

地处平原地区的养殖户 25 户，平均每户养殖总收入 50.35 万元、珍珠产量 495.42 公斤、珍珠收入 35.49 万元；地处丘陵地区的养殖户 26 户，其平均养殖总收入 37.67 万元、珍珠产量 361.4 公斤、珍珠收入 27.76 万元；地处山区的养殖户 8 户，平均每户养殖总收入 31.04 万元、珍珠产量 322.82 公斤、珍珠收入 23.09 万元。平原地区珍珠养殖户的养殖总收入、珍珠产量、珍珠收入高于丘陵地区养殖户，丘陵地区养殖户的经营收益又高于山区养殖户。丘陵地区和山区珍珠养殖户的收益均比总体水平低，而平原地区珍珠养殖户的收益则明显高于总体水平（见表 4-4）。

表 4-4 养殖地地貌效益

养殖地地貌	养殖户（户）	统计量	养殖总收入（万元）	珍珠产量（公斤）	珍珠收入（万元）
平原	25	总量	1258.82	12385.37	887.28
		户均	50.35	495.42	35.49
丘陵	26	总量	979.52	9396.50	721.88
		户均	37.67	361.40	27.76
山区	8	总量	248.28	2582.50	184.70
		户均	31.04	322.82	23.09
综合	59	总量	2486.62	24364.37	1793.86
		户均	42.15	412.96	30.40

（二）水生态效益

1. 水域效应

在湖边养殖珍珠的农户 25 户，户均养殖总收入 57.49 万元、珍珠产量569.18公斤、珍珠收入41.48万元；江河边养殖珍珠的农户12户，户均养殖总收入33.04万元、珍珠产量317.04公斤、珍珠收入25.23万元；低洼地养殖珍珠的农户22户，户均养殖总收入28.35万元、珍珠产量270.48公斤、珍珠收入19.15万元；水库养殖珍珠的农户2户，户均养殖总收入62.95万元、珍珠产量687.50公斤、珍珠收入48.00万元（见表4－5）。不同的水域，珍珠养殖效益不同。表4－5显示，不管养殖总收入，还是珍珠产量、珍珠收入，都是水库>湖边>江河边>低洼地，水库最好，低洼地最差。

表4－5 水域效益

蚌池地理位置	养殖户（户）	统计量	养殖总收入（万元）	珍珠产量（公斤）	珍珠收入（万元）
湖边	25	总量	1437.37	14229.37	1036.98
		户均	57.49	569.18	41.48
江河边	12	总量	396.50	3804.50	302.70
		户均	33.04	317.04	25.23
低洼地	22	总量	623.66	5950.50	421.38
		户均	28.35	270.48	19.15
水库	2	总量	125.90	1375.00	96.00
		户均	62.95	687.50	48.00
综合	61	总量	2583.43	25359.37	1857.06
		户均	42.35	415.73	30.44

2. 水质效应

优质水中养殖珍珠的农户38户，其平均养殖总收入48.85万元、珍珠产量475.28公斤、珍珠收入35.81万元；较好水质中养殖珍珠的农户17户，户均养殖总收入38.55万元、珍珠产量396.74公斤、珍珠收入27.03万元；一般水质中养殖珍珠的农户6户，户均养殖总收入10.25万元、珍珠产量84.06公斤、珍珠收入6.08万元；较差水质中养殖珍珠的农户1户，其平均养殖总收入14.30万元、珍珠产量90.00公斤、珍珠收入3.30万元（见表4-6）。表中显示，水质不同，珍珠养殖效益不同，优良水质养殖珍珠，不论养殖总收入，还是珍珠产量、珍珠收入，均要高于欠佳水质。

表4-6 水质效益

水质	养殖户（户）	统计量	养殖总收入（万元）	珍珠产量（公斤）	珍珠收入（万元）
优	38	总量	1856.29	18060.50	1360.76
		户均	48.85	475.28	35.81
较好	17	总量	655.34	6744.50	459.50
		户均	38.55	396.74	27.03
一般	6	总量	61.50	504.38	36.50
		户均	10.25	84.06	6.08
较差	1	总量	14.30	90.00	3.30
		户均	14.30	90.00	3.30
综合	62	总量	2587.43	25399.37	1860.06
		户均	41.73	409.67	30.00

三、养殖水池和面积效益

（一）养殖水面效益

由图4-1、图4-2、图4-3表明，珍珠养殖面积越大，珍珠养殖总收入、珍珠产量、珍珠收入也越多，即整体上，珍珠养殖总收入、珍珠产量、珍珠收入随着珍珠养殖面积的增加而增加。

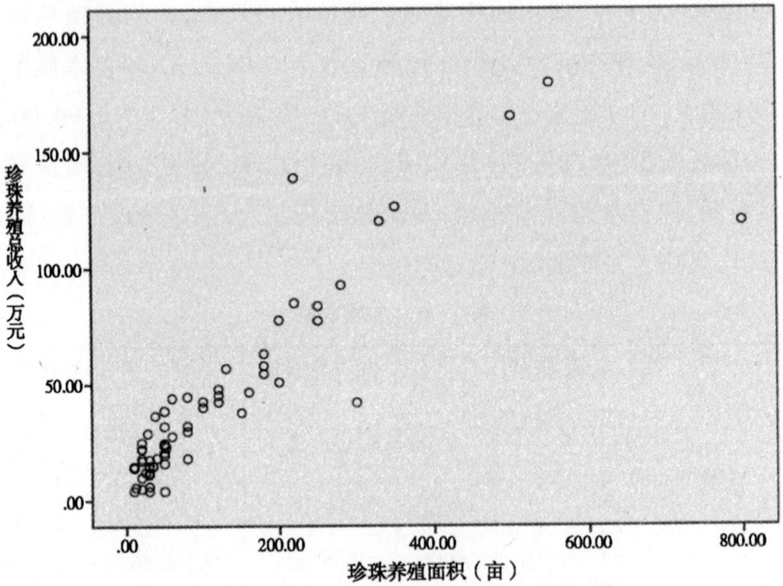

图4－1　珍珠养殖总收入与养殖面积的关系图

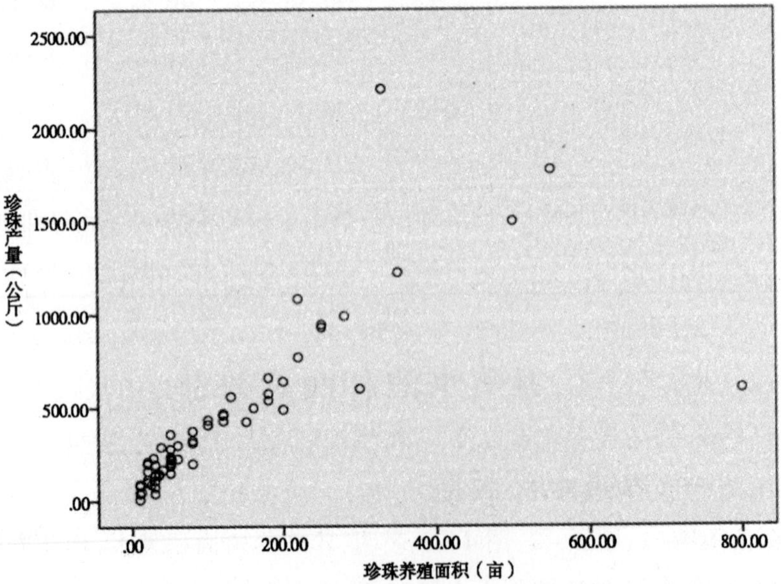

图4－2　珍珠产量与养殖面积的关系图

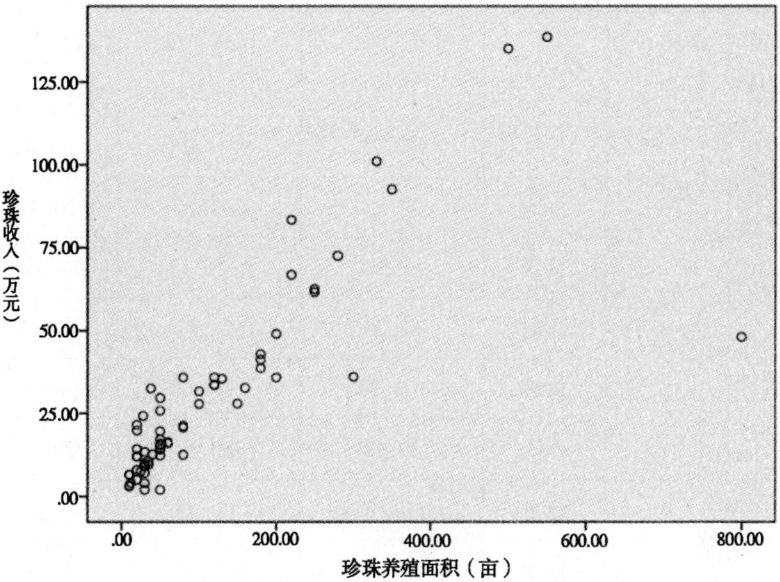

图4－3　珍珠收入与养殖面积的关系图

(二)养殖水池效益

1. 水池数量效益

调查数据表明,一般而言,珍珠养殖户经营蚌池数越多,珍珠养殖总收入、珍珠产量、珍珠收入越高,反之越低(见表4－7)。表4－7显示,随着养殖户经营1个、2个、4个、15个蚌池的递增,户均珍珠养殖总收入也递增;经营3个、5个、8个、18个蚌池的养殖户的珍珠养殖总收入有所减少。总体上,珍珠养殖总收入随珍珠养殖池数量的增加而增加。珍珠产量、珍珠收入方面,随着养殖户经营1个、2个、15个、18个蚌池的递增而增加,经营3个、4个、5个、8个蚌池的养殖户的珍珠产量、珍珠收入有所反常。整体而言,珍珠产量、珍珠收入也是随着珍珠养殖池数量的递增而增加。

表4－7　水池数量效益

水池（个）	养殖户（户）	统计量	养殖总收入（万元）	珍珠产量（公斤）	珍珠收入（万元）
1	35	总量	973.72	9214.25	714.42
		户均	27.82	263.26	20.41
2	15	总量	955.51	9321.13	714.18
		户均	63.70	621.41	47.61
3	5	总量	198.10	1944.00	140.86
		户均	39.62	388.80	28.17
4	2	总量	174.50	1175.00	86.70
		户均	87.25	587.50	43.35
5	1	总量	4.00	150.00	2.00
		户均	4.00	150.00	2.00
8	1	总量	18.00	200.00	12.50
		户均	18.00	200.00	12.50
15	1	总量	138.60	1085.00	83.40
		户均	138.60	1085.00	83.40
18	1	总量	120.00	2210.00	101.00
		户均	120.00	2210.00	101.00
综合	61	总量	2582.43	25299.38	1855.06
		户均	42.33	414.74	30.41

2. 水池插花效益

从表4－8可知,60户珍珠养殖户中,所经营的蚌池连片者55户,不连片者5户。蚌池不连片的珍珠养殖户户均养殖总收入148.80万元,珍珠产量3821.63公斤,珍珠收入132.90万元,各为连片者的3.48倍、6.75倍、4.09倍。蚌池不连片者效益显著高于连片者。之所以出现与“养殖点不插花好于插花”常理相反的现象,其深层次原因可能与珍珠养殖户经营的蚌池数和养殖的面积有关,即不连片者比连片者养殖户的户均经营蚌池数多,养殖面积大,规模效应起了很大作用。

表4－8 水池插花效益

养殖池连片现象	养殖户（户）	统计量	蚌池数（个）	养殖面积（亩）	养殖总收入（万元）	珍珠产量（公斤）	珍珠收入（万元）
是	55	总量	149	9295.00	2354.65	31137.50	1788.60
		户均	2.71	169.00	42.81	566.14	32.52
否	5	总量	30	5310.00	744.00	19108.12	664.50
		户均	6.00	1062.00	148.80	3821.63	132.90
综合	60	总量	179	14605.00	3098.65	50245.62	2453.10
		户均	2.98	243.42	51.6442	837.43	40.89

四、劳动力投入效益

(一)劳动生产率分析

1. 珍珠养殖户生产率

表4－9表明:1个劳动力经营珍珠养殖的农户,户均劳动生产率最低,其创造的珍珠养殖总收入、珍珠产量、珍珠收入各为16.15万

元、145.00公斤、7.65万元；12个劳动力经营珍珠养殖的农户，户均劳动生产率最高，其创造的珍珠养殖总收入、珍珠产量、珍珠收入依次为172.15万元、1637.50公斤、136.75万元，各为前者的10.66倍、11.29倍、17.88倍。总趋势是劳动力越多的养殖户，其创造的珍珠养殖总收入、珍珠产量、珍珠收入越多。

表4-9 劳动生产率

劳动力*（个）	养殖户（户）	统计量	珍珠养殖户生产率			劳动者生产率		
			养殖总收入（万元）	珍珠产量（公斤）	珍珠收入（万元）	养殖总收入（万元）	珍珠产量（公斤）	珍珠收入（万元）
1	2	总量	32.30	290.00	15.30	32.30	290.00	15.30
		户均	16.15	145.00	7.65	16.15	145.00	7.65
2	34	总量	703.21	6437.25	514.90	351.61	3218.62	257.45
		户均	20.68	189.33	15.14	10.34	94.67	7.57
3	9	总量	415.85	4978.13	307.75	138.62	1659.38	102.58
		户均	46.21	553.13	34.19	15.40	184.38	11.40
4	7	总量	254.77	2709.00	163.51	63.69	677.25	40.88
		户均	36.40	387.00	23.36	9.10	96.75	5.84
5	3	总量	186.20	1670.00	127.70	37.24	334.00	25.54
		户均	62.07	556.67	42.57	12.41	111.33	8.51
6	3	总量	315.90	2845.00	222.70	52.65	474.17	37.12
		户均	105.30	948.33	74.23	17.55	158.06	12.37
7	2	总量	160.70	1875.00	124.10	22.96	267.86	17.73
		户均	80.35	937.50	62.05	11.48	133.93	8.86

续表

劳动力*(个)	养殖户(户)	统计量	珍珠养殖户生产率			劳动者生产率		
			养殖总收入(万元)	珍珠产量(公斤)	珍珠收入(万元)	养殖总收入(万元)	珍珠产量(公斤)	珍珠收入(万元)
8	1	总量	126.20	1225.00	92.60	15.78	153.13	11.58
		户均	126.20	1225.00	92.60	15.78	153.13	11.58
12	2	总量	344.30	3275.00	273.50	28.69	272.92	22.79
		户均	172.15	1637.50	136.75	14.35	136.46	11.40
18	1	总量	120.00	600.00	48.00	6.67	33.33	2.67
		户均	120.00	600.00	48.00	6.67	33.33	2.67
综合	64	总量	2659.43	25904.38	1890.06	750.19	7380.65	533.63
		户均	41.55	404.76	29.53	11.72	115.32	8.34

*注:劳动力为珍珠养殖户农业劳动力及其雇工之和。

2. *劳动者生产率*

每个劳动者获取珍珠养殖总收入、珍珠收入最高者由6个劳动力经营珍珠养殖的养殖户创造,其值各为17.55万元、12.37万元;每个劳动者生产珍珠产量最多者由3个劳动力经营珍珠养殖的养殖户创造,其值为184.38公斤;18个劳动力经营珍珠养殖的农户,其劳动者生产率最低,每个劳动者创造的珍珠养殖总收入、珍珠产量、珍珠收入各为6.67万元、33.33公斤、2.67万元(见表4-9),仅为最高者的38.01%、18.08%、21.58%。一般而言,6~8个劳动力经营珍珠养殖的农户,其劳动者生产率相对较高。

(二)珍农素质效应

1. 珍珠养殖户业主素质效应

表4－10表明,珍珠养殖户业主文化水平越高,其经营收益也越高,即无论珍珠养殖总收入,还是珍珠产量、珍珠收入,都是大专及以上者高于高中和中专,高中和中专者又高于初中人士。表4－10还显示有13户小学文化程度业主的珍珠养殖户创造的珍珠养殖总收入、珍珠产量和珍珠收入比高中和中专文化业主的珍珠养殖户的创收值高,不过其创收水平仅及大专及以上者的一半左右。专业素养是一个关键因素。

表4－10 珍珠养殖户业主素质效应

业主文化水平	养殖户(户)	统计量	养殖总收入(万元)	珍珠产量(公斤)	珍珠收入(万元)
小学	13	总量	565.28	5603.50	421.57
		户均	43.48	431.04	32.43
初中	16	总量	544.29	5310.25	390.46
		户均	34.02	331.89	24.40
高中或中专	31	总量	1296.62	13121.50	920.43
		户均	41.83	423.27	29.
大专及以上	3	总量	268.80	2350.00	178.00
		户均	89.60	783.33	59.33
综合	63	总量	2674.99	26385.25	1910.46
		户均	42.46	418.81	30.32

2. 家庭成员最高文化珍珠养殖户经营效应

家庭成员有大专及以上文化的珍珠养殖户的珍珠养殖总收入、珍珠产量、珍珠收入高于家庭成员最高文化仅为高中或中专的珍珠养殖户（见表4－11）。表4－11中也显示，家庭成员文化最高为初中的珍珠养殖户经营收益高于大专及以上的养殖户，但样本点很少，仅有1户。多数样本点表明，家庭成员文化水平越高，其家庭珍珠养殖收益越高。

表4－11　家庭成员最高文化珍珠养殖户经营效应

家庭成员最高文化	养殖户（户）	统计量	养殖总收入（万元）	珍珠产量（公斤）	珍珠收入（万元）
初中	1	总量	77.20	930.00	61.60
		户均	77.20	930.00	61.60
高中或中专	28	总量	1028.34	8810.75	701.60
		户均	36.73	314.67	25.06
大专及以上	31	总量	1481.67	15745.50	1084.76
		户均	47.80	507.92	34.99
综合	60	总量	2587.21	25486.25	1847.96
		户均	43.12	424.77	30.80

五、经济技术投入效益

（一）资本贡献率

图4－4、图4－5、图4－6、图4－7表明，珍珠养殖支出越多，珍珠养殖总收入、珍珠产量、珍珠收入增加越明显，珍珠养殖纯收入则增长较为缓慢。

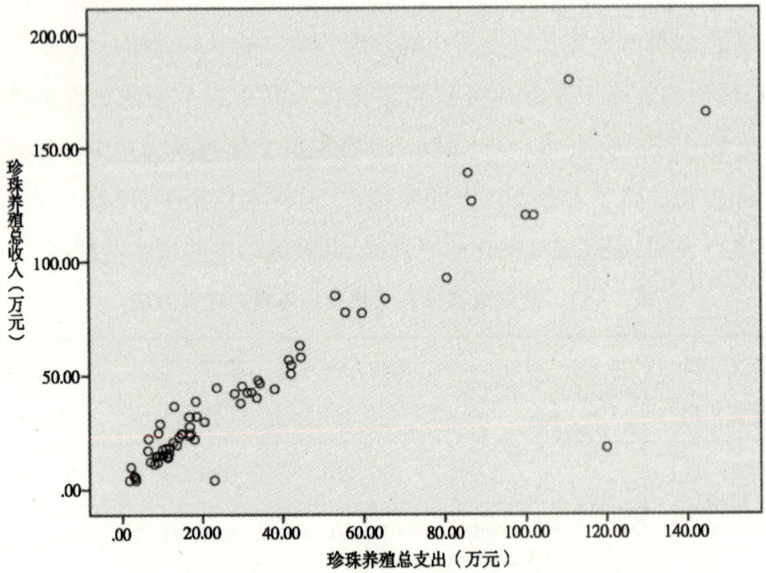

图4－4　珍珠养殖总支出与珍珠养殖总收入关系图

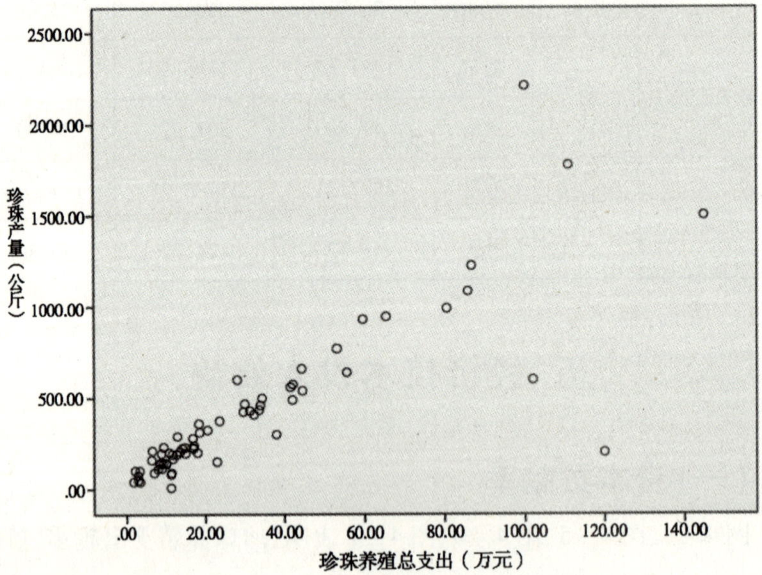

图4－5　珍珠养殖总支出与珍珠产量关系图

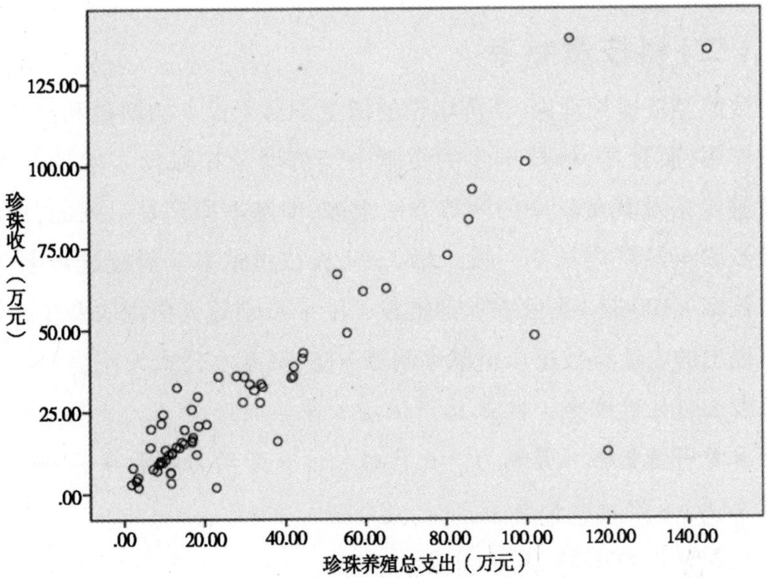

图 4－6 珍珠养殖总支出与珍珠收入关系图

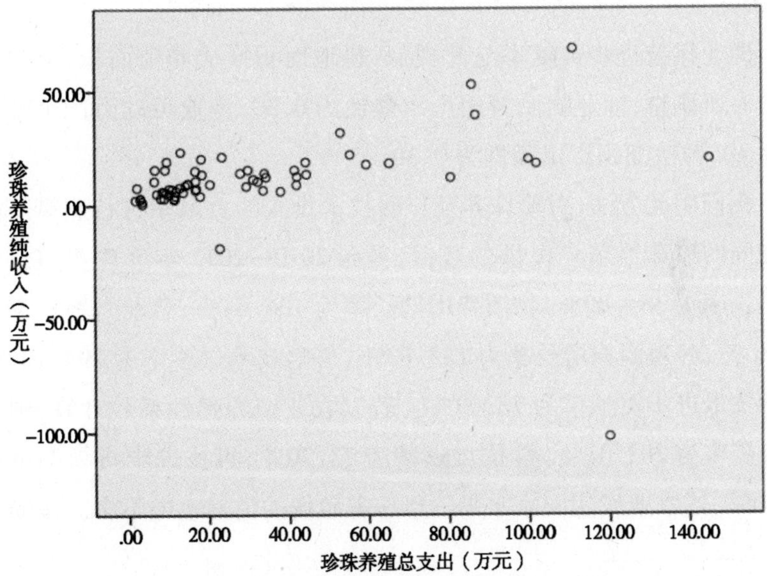

图 4－7 珍珠养殖总支出与珍珠养殖纯收入关系图

(二)科技贡献率

按照经济增长理论,经济增长的增量来自于投入的增量和科技进步的作用,换言之,科技进步的贡献由经济增量扣除投入增量而得。科技进步率及其贡献率的测算方法很多,但基本原理是一致的,即科技进步率 = 经济增长率 - 投入增长率,科技贡献率 = 科技进步率/经济增长率 ×100%。国家农业部推荐了由朱希刚等人根据农业生产的特点提出的农业科技进步贡献率测算方法,其基本公式为:

农业科技进步率 = 农业总产值增长率 - 物质费用产出弹性(α)×物质费用增长率 - 劳动力产出弹性(β)×劳动力增长率 - 耕地产出弹性(γ)×耕地增长率

α、β、γ各为0.55、0.20、0.25。

农业科技进步贡献率 = 农业科技进步率/农业总产值增长率×100%

渔业科技进步贡献率与此类似,耕地面积换成养殖面积,但弹性系数有所调整,渔业物质费用产出弹性为0.30,渔业劳动力产出弹性为0.40,养殖面积产出弹性为0.30。①

我们用此方法,对珍珠养殖户的技术投入的贡献率进行测算。根据相同的珍珠养殖户提供的数据,得到2010—2012年珍珠养殖总收入增长率为384.00%、物质费用增长率为106.64%、劳动力增长率为42.86%、养殖面积增长率为135.83%,科学技术进步率为294.12%、科学技术进步贡献率为76.69%。若以农业中的弹性系数计算,则科技进步率为283.01%、科技贡献率为73.70%,科技进步贡献率也超过70%,达农业发达国家水平。珍珠养殖场的情况也差不多。按渔业

① 朱希刚. 我国农业科技进步贡献率测算方法[M]. 中国农业出版社,1997年,第9-10、第3-5页、第50-51页。

弹性系数计算,珍珠养殖场的科技进步贡献率为78.67%,农业弹性系数计算,则为73.01%,也高于70%。珍珠养殖业是农业中技术要求相对较高的行业,技术密集度高,且专业化、规模化程度相对较高,技术贡献一般较大。

六、结论

珍珠养殖户数据资料分析显示:

(1)珍珠养殖区有距离效应。无论养殖总收入,还是珍珠产量、珍珠收入,距离县城或市区30~50公里的养殖户均高于10公里以内和10~30公里的养殖户,距离县城或市区10~30公里的养殖户又高于10公里以内的养殖户,即珍珠养殖地离县城或市区越远,珍珠养殖收益越高。

(2)地貌不同,养殖珍珠的效应不同。一般来讲,平原地区珍珠养殖户的养殖总收入、珍珠产量、珍珠收入高于丘陵地区养殖户,丘陵地区养殖户的经营收益又高于山区养殖户。

(3)不同的水域,珍珠养殖效益不同。不管养殖总收入,还是珍珠产量、珍珠收入,都是水库>湖边>江河边>低洼地,水库养殖效益最好,低洼地养殖效益最差。

(4)水质不同,珍珠养殖效益也不同。优良水质养殖珍珠,不论养殖总收入,还是珍珠产量、珍珠收入,均要高于欠佳水质。

(5)整体而言,珍珠养殖总收入、珍珠产量、珍珠收入随着珍珠养殖面积的增加而增加,随着珍珠养殖池数量的递增而增加。

(6)蚌池不连片者效益显著高于连片者。之所以出现与“养殖点不插花好于插花”常理相反的现象,其深层次原因与珍珠养殖户经营的蚌池数和养殖面积有关,即不连片者比连片者养殖户的户均经营蚌池数多，养殖面积大，规模效应起了很大作用。

（7）劳动力越多的养殖户，其创造的珍珠养殖总收入、珍珠产量、珍珠收入也相应较高。6～8个劳动力经营珍珠养殖的农户，其劳动者生产率尤为高。

（8）珍珠养殖户业主和家庭成员文化水平越高，其经营收益也相对较高，其中专业素质起着关键作用。

（9）珍珠养殖资本投入越多，珍珠养殖总收入、珍珠产量、珍珠收入增加越明显，珍珠养殖纯收入则增长较为缓慢。

（10）珍珠养殖业科学技术进步贡献率超70%，达农业发达国家水平。

第五章

珍珠产业发展问题与趋势分析

我国是世界珍珠生产大国,珍珠从业人员多、珍珠养殖面积大、珍珠生产量和出口量大。珍珠产业无论对国内珍珠主产区经济社会发展,还是对世界珍珠生产消费都有重要的影响作用。认清珍珠生产问题,明辨珍珠发展态势,是谋定珍珠产业何去何从所不可缺少的基础性工作。

一、珍珠养殖生产问题

珍珠产业在既有的环境和资源中发展,可谓喜忧参半。环境良好、可用资源充足,珍珠产业发展便顺畅;环境欠佳、可用资源稀缺,珍珠养殖产业发展便举步维艰。珍珠养殖是珍珠产业链的首要环节,当前面临的问题主要体现在生态保护不力、生产能力不强、产品增值不高、区际发展不均衡等方面。

(一)生态保护问题

生态环境问题是珍珠养殖不可忽视的重要问题。20 世纪八九十年代,珍珠稀缺,价格飞涨,利润可观,各地农民竞相养殖,唯产量至上,无节制地对水面进行掠夺性经营。"由于广大养殖业者盲目追求珍珠产量,一方面只养殖单一的珍珠蚌,没有生态利用水体。另一方面在水中大量使用鸡粪、猪粪、牛粪或化肥,导致水体生态失衡,氮磷元素过剩,水体浮游植物泛滥,从而造成水质富营养化,水体污染。"①水是人类生产生活的命脉。水污染是任何用者都是反对的,水源、水体受污染也是任何用者都不会答应的。鉴于珍珠养殖的泛滥,水体环境严重受损,给当地生产尤其生活带来很大影响,不少地方发文限制珍珠养殖。如:湖北省 2007 年 8 月出台《关于禁养限养珍珠和规范水产养殖的意见》,要求全省各地严格禁养限养珍珠制度:严禁在饮用水水源保护区、城中(郊)湖、风景区和大中型湖库中养殖珍珠;严格限制在精养池、池塘养殖珍珠,精养池、池塘不得再新增珍珠养殖面积,严格控制单位水面养殖密度,挂养密度不得超过 500 只/亩,严禁投肥养殖;从 2007 年 8 月 15 日起,全省一律不再新发珍珠养殖证;对已经发放的珍珠养殖证实行登记备案制度,要报省级渔政部门和环保部门备案。② 2007 年安徽、浙江、江苏等省的一些地区,也出台了一些禁养珍珠蚌的举措。③ 有些地方还对珍珠养殖的压减转产工作进行了督查,如:湖南省常德市政府 2010 年 8 月 11 日派出督查组,采取随机抽查的方式对汉寿县一些珍珠养殖户的转产情况进行现场查验。④ 禁养限养措施的实施,虽然对珍珠养殖规模的扩大产生了影响,养殖面积有所缩减,但是对珍珠的盲目养殖、无序养殖起到了很好的扼制作用,滥

① 张根芳,方爱萍,叶秋红. 我国淡水珍珠养殖业的主要问题及对策[J]. 科学养鱼,2008 年第 5 期。

② 关于禁养限养珍珠和规范水产养殖的意见. hbagri. gov. cn,2007 - 8 - 30.

③ 张根芳,方爱萍,叶秋红. 我国淡水珍珠养殖业的主要问题及对策[J]. 科学养鱼,2008 年第 5 期。

④ 常德市政府督查汉寿县珍珠压减工作. 湖南养殖网,2010 - 8 - 13.

养现象减少，精养水平提高，水体生态环境也得到了有效保护和改善。

近年来，大多数珍珠养殖者都降低了珍珠养殖密度，少用乃至不用有机肥和化肥，积极发展鱼蚌立体养殖和生态养殖，较好地维护了水体生态环境，珍珠养殖也有了复苏的迹象。近来从珍珠养殖区调研也了解到，珍珠养殖户普遍感觉地方政府对珍珠养殖不再严禁了，84.62%的养殖户认为政府对珍珠养殖采取“鼓励”的态度，14.10%的养殖户认为“不限制”，仅有1.28%的养殖户认为仍然在“限制”。

珍珠养殖中的生态问题涉及面太广，水中的生态问题不可忽视，要认真对待，岸上的生态问题也不可小觑，同样要高度重视。

目前，广大乡村都在致力于社会主义新农村建设，都期望营造良好的生态环境，对农村垃圾要进行无害化处理。问卷调查中，多数养殖户认为珍珠养殖对农业生产的影响较小，对周边居民生活的影响也不大，但是“较小”或“不大”并不意味没有。许多珍珠养殖户日益注重珍珠养殖的密度问题和用肥问题，较好地改善了水质，水体变得比以往更加清澈、生态化，但是珍珠养殖整个环节中的废物处理尤其是取珠后的蚌壳无害化处理，无味化消除，还有待于改进。蚌壳的腐烂和异味，不仅对其他居民的生产生活造成危害，对珍珠养殖者自身的身心健康和生活质量也十分不利，必须予以关切。

珍珠养殖中造成的生态环境恶化问题要关注，城市生活垃圾和工业生产废物、废水、废气向农村流入、向珍珠养殖区流入的问题也要关注，因为这些有害物的不当流入也会破坏珍珠养殖区水体生态环境，对珍珠繁育和成长构成威胁，不利于珍珠养殖业的发展。只有内生污染和外来污染同时阻止、消除，珍珠养殖业方能健康发展。

（二）生产能力问题

生产能力包括投入能力和产出能力，是这两种能力的综合体现。

产出能力常以产量或产值来展现。若以珍珠总产量而论，我国的珍珠养殖生产能力是比较高的，毕竟我国的珍珠养殖产量占到世界总量的90%以上。投入能力包括物质装备能力、劳动者生产能力、科技应用能力、灾害防御能力、管理协调能力、政策调控能力等方面的内容。应当承认，珍珠养殖业在这些方面的能力都还有很大的提升空间。以育珠环节为例，目前不少繁殖户片面追求早出苗，选蚌不管质量，近亲繁育多，繁殖时间短，造成珠蚌种质退化、早熟早衰、颗粒小、生长慢、活力弱、抗病力低等一系列问题；手术接种人员，大多文化程度不高、素质偏低，没有经过系统的专业技术培训，跟班边学边插，造成手术接种技术一代不如一代；植核卫生条件差，不按规范操作，只求数量不求质量，导致植核贝成活率不高。① 珍珠养殖专业合作社和珍珠协会，数量少、规模小、生产经营实力弱、运作欠规范，在珍珠养殖技术示范、推广和应用方面作用不显著，在珍珠生产、营销及管理等方面的作用也非常有限。② 问卷资料也显示，珍珠养殖户中业主文化在初中以下者仍占46.82%，接近一半，生产资金多靠自有资金和自筹资金，还有不少养殖户凭经验养殖珍珠，珍珠品种多为常规品种，很大程度上制约着单位水面珍珠产量的提高，制约着珍珠质量的提高。

（三）产品增值问题

中国珠宝玉石首饰行业协会秘书长孙凤民在三亚举行的“中国珍珠发展论坛”上就指出：2005 年我国珍珠产量占世界珍珠总产量的95%，但产值仅占全球珍珠行业总产值的8%。我国80%左右的出口量为原珠和粗加工珠，且价格低廉，2003 年我国出口珍珠771 吨，销售额8719 万美元，平均每公斤仅113 美元；而只出口8.12 吨的法属波利

① 徐毛喜. 探讨中国淡水珍珠产业可持续发展措施[J]. 科学养鱼，2012 年第2 期。
② 闫玉科. 广东南珠产业可持续发展路径研究[J]. 农业经济问题，2011 年第3 期。

尼西亚，销售额却达1亿多美元，每公斤超过1万美元，“高产低值”现象十分明显。[①] 2007、2008、2009年，我国珍珠出口均价每公斤为295.52美元、334.31美元、329.25美元，2008年相对较高，而这一年中国香港珍珠出口价每公斤为17742.96美元、日本5323.43美元、法属波利尼西亚11565.84美元、瑞士32860.86美元、美国17698.38美元、澳大利亚17992.81美元，售价相距甚远。[②] 这与我国珍珠养殖户的资金技术实力不足和“短、平、快”经营理念有很大关系。按照国际惯例，生产合格的海水珍珠，置小、中、大核的育珠时间依次应在8个月、1年、2年以上，而我国南珠的养殖时间超过8个月的不多，短者只有4个月，导致珍珠层薄，很少超过500微米。日本淡水珍珠养殖周期一般3~5年，长者8年，产出的珍珠平均在6毫米以上，超过10毫米的也不少，珍珠蚌每只产量在10克以上，有的超过15克，而且圆整度、光洁度好，而我国仅有少数地区和单位养殖周期能达1年或更长时间，多数不到1年，每只育珠蚌产量在5克左右，只及日本的一半，而且颗粒小，表面皱纹、沟纹多，光泽差。[③]“短、平、快”的养殖后果是珍珠数量可能多，但是珍珠质量差，价值低，增值少。近些年来，珍珠养殖产品增值仍然不尽如人意。问卷资料表明，珍珠加工增值方面，2010年珍珠养殖户中不加工者占81.33%，粗加工者占18.67%，精加工者没有；2012年不加工者占63.64%、粗加工者占27.27%、精加工者占9.09%，比2010年稍好一些。珍珠养殖收入方面，2010年珍珠养殖户户均产量404.54公斤，收入29.33万元，平均每公斤收入

---

① 曹昌，喻向阳. 中国珍珠业陷入“高产低值”沼泽[J]. 中国经济周刊，2006年第26期。

② 李飞星，杨伟文. 珍珠产业国际竞争力比较研究[J]. 农业经济问题，2010年第11期。

③ 张莉. 中国珍珠产业振兴研究[M]. 中国经济出版社，2004年7月第1版，第120页、第131页。

725.02 元;2012 年珍珠养殖户户均产量 3123.93 公斤,收入 228.64 万元,平均每公斤收入 731.90 元,仅比 2010 年多 0.95 个百分点,增值水平亟待提高。

(四)区际发展问题

纬度基本相同的两邻省——江西和浙江,气候条件差不多,前者属于经济欠发达地区,后者属于经济发达地区。珍珠产业发展方面也有不小差距。江西都昌县和万年县是我国传统的珍珠产区,目前万年县珍珠养殖面积 1 万亩左右,珍珠加工及经营企业 49 家;都昌县现有珍珠养殖面积 3.6 万亩,养殖大户 110 户,从业人员 2 万多人,贝壳加工企业和大户约 1500 家。[①] 而浙江诸暨仅山下湖镇一个镇就有珍珠养殖户 3000 多户,珍珠加工企业 2400 余家,年产珍珠首饰 3000 多万件,工艺品 800 多万件,珍珠粉 60 余吨。[②] 珍珠产业发展水平和能力显然有一定的差别。投入产出方面,根据问卷调查资料显示,在江西万年县、江西都昌县、浙江武义县之间,单位面积珍珠产量:武义县最高,都昌县次之,万年县最少。每个劳动力产出珍珠量:武义县最多,万年县次之,都昌县最少。每个劳动力经营管理珍珠养殖水面:武义县最多,万年县次之,都昌县最少。投入产出率:万年县最高,武义县次之,都昌县低。珍珠养殖总收入构成中:武义县仅有珍珠收入,而万年县、都昌县除了珍珠收入外,还有其他水产品收入(见表 5-1)。区际经营能力和效果明显不均衡。

---

① 王海华,丁文军,金霞,江新川. 江西省珍珠产业发展研究[J]. 中国渔业经济,2012 年第 5 期。

② 洪一江,曹小秋,王军花. 我国珍珠产业体系关键技术与可持续发展分析[J]. 中国水产,2011 年第 6 期。

表 5－1　不同地区珍珠养殖经营规模及效益

地区	水面产出率			劳动生产率			劳动者经营管理水面(亩/人)	支出收入率(%)
	养殖总收入(元/亩)	珍珠产量(公斤/亩)	珍珠收入(元/亩)	养殖总收入(万元/人)	珍珠产量(公斤/人)	珍珠收入(万元/人)		
江西万年	3603	3.37	2587	12.56	117.60	9.02	34.87	144.20
江西都昌	4251	5.42	2769	8.75	111.63	5.70	20.59	83.04
浙江武义	988	6.75	988	12.42	848.48	12.42	125.76	143.86

二、珍珠产业发展趋势分析

珍珠产业发展的走势如何，是一个十分复杂的问题。其受制因素很多：既受珍珠产业本身发展惯性力的使然，又受珍珠产业发展环境因素作用力的驱动，是内力和外力综合作用的结果，是潜在力和显现力共同作用的结果。

研究分析珍珠产业发展趋势的方法也有很多。有资料显示，仅预测分析的常用方法就有几十种，[①]比如：定性方面的分析方法有德尔斐法、先行指标分析法、趋势分析判断法、层次分析法等，定量方面的分析方法有回归分析法、边际分析法、关联分析法、线性规划法等。每种分析方法都有它的优缺点和适用范围。定性分析方法在事物发展描述上占有优势，能较好地了解和把握事物发展的质的规定性，但缺乏量的概念。定量分析方法，在数量概念方面有较强的明了性，能较好

① 钟契夫. 经济计划方法[M]. 北京：中国人民大学出版社，1986 年，第 161 页。

地了解和把握事物发展的量的规定性，但对事物突变现象较难判断。[①]这些方法均可用于珍珠产业发展分析。近些年来，我国的珍珠产业发展有较大的波动性，年际珍珠养殖生产投入及产出变化较大，市场价格和供求量也不太稳定，基于此，我们采用专家咨询法，对我国的珍珠产业发展趋势做一个大致的判断。这种方法是一种求助专家对事物发展进行分析推断而被业界常用的科学实用的方法。

我们从珍珠影响因素、珍珠生产加工趋势、珍珠国际市场竞争力三大方面，设计问卷调查表，向珍珠产学研专家进行咨询，依据专家见解对我国珍珠产业发展趋势进行分析研判。

我国珍珠养殖业未来发展如何？我们利用《珍珠养殖技术研究与示范》中期评估暨交流会的机会，向与会专家进行了现场问卷调查。接受咨询者来自于全国各地的专门从事珍珠生产、科研、教学人士，问卷送出 22 份，收回有效问卷 20 份。

专家从事的职业，问卷中设计了 5 个选项（管理、生产、科研、教学、商贸）供专家填选，反馈情况是：20 位专家中，管理部门 2 人，占 10%；生产部门 3 人，占 15%；科研部门 8 人，占 40%，教学部门 6 人，占 30%；没选者 1 人，占 5%（见图 5－1）。结果显示：被咨询人员中，从事教学、科研的人员较多，占 70%；生产、管理的人员较少，占 25%。

专家对珍珠产业的熟悉程度，问卷中设计了 5 个选项（很有研究、比较熟悉、了解、不太了解、不了解）供专家填选，反馈情况是：20 位专家中，很有研究者 3 人，占 15%；比较熟悉者 15 人，占 75%；了解者 2 人，占 10%；不太了解和不了解者没有（见图 5－2）。结果说明：被咨询人员对珍珠产业发展基本上都是熟悉和了解的，对珍珠产业发展的影响因素、生产加工趋势、市场竞争力的判断有较大的可信性和准

---

① 冯文权．经济预测的原理与方法［M］．武汉：武汉大学出版社，1986 年，第 484 页，第 509－511 页。

确性。

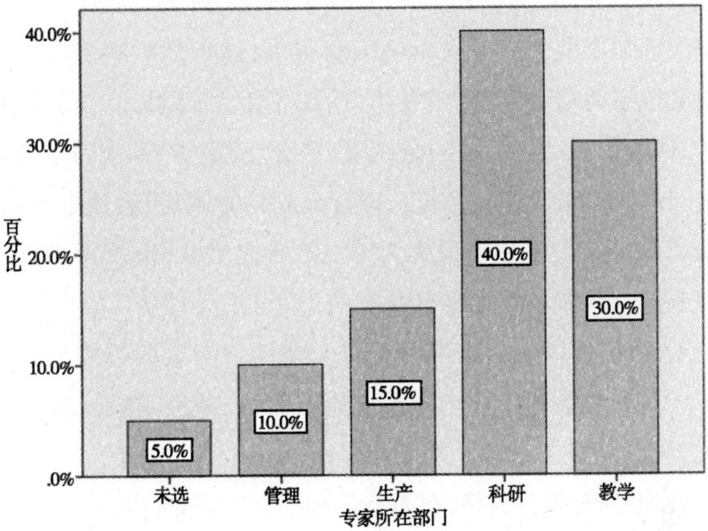

图 5－1　专家所在部门分布

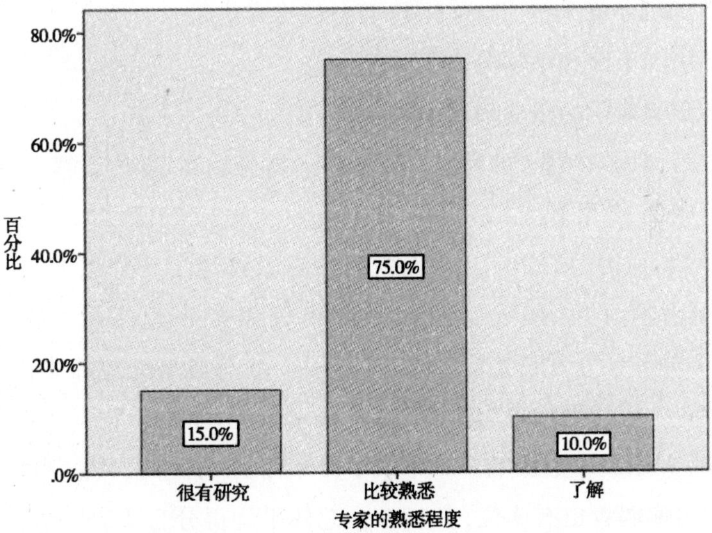

图 5－2　专家对珍珠产业的认知状况

(一)珍珠产业发展环境因素影响力分析

我国珍珠产业未来发展影响因素很多,这里从生态、经济、社会、技术角度选定污染治理、养殖技术、珍珠品种、加工技术、工艺设计、研发人员、珠农素质、营销人才、企业家、资金、政策等11个因子,通过专家对它们的认识量化进行分析。以计分制的方式进行,设定环境因子对珍珠产业未来发展影响最大为10分,次之为9分,依次类推,影响最弱为1分。具体步骤主要有三:

首先,由被咨询的专家判断打分。在计分问卷调查表上,专家如果认为该因子对珍珠产业未来发展影响最大,则打10分;反之,则打1分。

其次,根据专家打分情况,进行汇总,计算综合平均分。计算公式如下:

环境因子综合得分 $Z = \sum_{i=1}^{10}(F_i \times R_i)$

F_i 为因子影响分,R_i 为对 F_i 打分的专家人数

环境因子综合平均分 $P = Z/\sum(R_i)$

各影响因子的得分情况列入表5-2。

最后,对影响因子的得分进行排序。得分越高,影响力越大。

由表5-2可知:

(1)污染治理的影响。参与打分的专家都给了5分以上,其中给予10分者有9位,接近总人数一半;9分和8分者各有3位,各占15%;7分和6分者则各有2位,均占10%;5分者1位,占5%;4分以下者没有。综合平均分为8.60,影响作用是很大的。

(2)养殖技术的影响。基本集中在8和10分之间,共占70%。认为影响力偏弱者也有3位,占15%。总体平均得分为7.75分,影响力还是比较大的。

(3)珍珠品种的影响。给予10分的专家有7位,占咨询专家总人数(20)的35%,9分者有6位,占30%;8分者有3位,占15%,7分者2位,占10%;6分者1位,占5%;1分者也有1位,占5%。综合平均得分8.45分,影响作用也很大。

(4)加工技术的影响。给予10分和9分者均为3位,均占打分人数(19位)的15.8%;给予8分的专家较多,共有9位,接近打分人数的一半;给予7分者1位,占5.3%;给予5分者2位,占10.6%;给予3分者1位,占5.3%。综合平均分7.84分,影响力也较大。

(5)工艺设计的影响。给予10分、9分、8分、7分、6分、5分、4分的专家各有3位、2位、7位、3位、2位、1位、1位,依次占打分人数(19位)的15.8%、10.5%、36.8%、15.8%、10.5%、5.3%、5.3%,主要集中在8分上。综合平均分7.68分,也有较大影响作用。

(6)研发人员的影响。专家给予的分数多分布在7和9之间,共有13人,占打分人数(18位)的72.2%;不过,给了10分的专家也有2位,占11.1%;给6分和5分的专家各有1位、2位,分别占5.6%、11.2%。综合平均分为7.78分,说明该因子的影响也较大。

(7)珠农素质的影响。给10分、9分、8分的专家数相等,均为2位,均占11.1%;给7分、6分的专家也相等,同为4位,占22.2%;给5分的专家1位,占5.6%;给3分的专家2位,占11.1%;给1分的专家也有1位,占5.6%。该因子的综合平均分为6.56分,对珍珠产业未来发展也有一定影响。

(8)营销人才的影响。多数专家给了7分,占打分人数(19位)的31.6%;给9分和8分的专家均有3位,共占31.6%;给5分的专家有4位,占21.1%;给6分、4分、3分的专家均为1位,各占5.3%。专家给的分平均为6.63分,说明该因子的影响力也不小。

(9)企业家的影响。给10分的专家有4位,占打分人数(18)的

22.2%;给9分的专家有2位,占11.1%,给8分和7分的专家各有3位,各占16.7%;给6分、5分、4分的专家也各有2位,各占11.1%。综合平均分达7分多,为7.39分,说明该因子对珍珠产业未来发展的影响挺大。

(10)资金的影响。多数专家给了7分,占打分人数(18位)的三分之一;不过,给最高分10分的专家有3位,占16.7%;给最低分1分的专家也有2位,占11.1%;给9分、4分、2分的各有1位,各占5.6%;给8分、6分的专家均为2位,均占11.1%。从中可以看出:专家对资金的影响的看法差异很大。综合平均分为6.50分,影响作用还是有的。

(11)政策的影响。专家打的分较为分散,给10分、9分的专家均为4位,各占22.2%;给2分、1分的专家各为2位、1位,依次占11.1%、5.6%;给8分、7分、6分、4分的专家各有2位、1位、3位、1位,分别占11.1%、5.6%、16.7%、5.6%。从中可见:专家给高分的相对较多,给低分的也有一些,认识差异也较大。综合平均分为7.00分,影响力是较大的。

按高低分而论,以上各因子对我国珍珠产业未来发展的影响力大致是:污染治理>珍珠品种>加工技术>研发人员>养殖技术>工艺设计>企业家>政策>营销人才>珠农素质>资金。整体差异不很大,最高分与最低分之间仅差2.1分,最低分也有6.5分。每个因子的得分均在中位分之上。

由上可知,污染治理、养殖技术、珍珠品种、加工技术、工艺设计、研发人员、珠农素质、营销人才、企业家、资金、政策因素对我国珍珠产业未来发展均有不小的影响,只是略有差异而已。

表 5－2　环境因素对我国珍珠产业未来发展的影响

		10	9	8	7	6	5	4	3	2	1	综合平均分
污染治理	选择人数(人)	9	3	3	2	2	1	0	0	0	0	8.60
	比重(%)	45	15	15	10	10	5	0	0	0	0	
养殖技术	选择人数(人)	4	4	6	3	0	1	0	1	1	0	7.75
	比重(%)	20	20	30	15	0	5	0	5	5	0	
珍珠品种	选择人数(人)	7	6	3	2	1	0	0	0	0	1	8.45
	比重(%)	35	30	15	10	5	0	0	0	0	5	
加工技术	选择人数(人)	3	3	9	1	0	2	0	1	0	0	7.84
	比重(%)	15.8	15.8	47.4	5.3	0	10.6	0	5.3	0	0	
工艺设计	选择人数(人)	3	2	7	3	2	1	1	0	0	0	7.68
	比重(%)	15.8	10.5	36.8	15.8	10.5	5.3	5.3	0	0	0	
研发人员	选择人数(人)	2	4	5	4	1	2	0	0	0	0	7.78
	比重(%)	11.1	22.2	27.8	22.2	5.6	11.1	0	0	0	0	
珠农素质	选择人数(人)	2	2	2	4	4	1	0	2	0	1	6.56
	比重(%)	11.1	11.1	11.1	22.2	22.2	5.6	0	11.1	0	5.6	
营销人才	选择人数(人)		3	3	6	1	4	1	1	0	0	6.63
	比重(%)		15.8	15.8	31.6	5.3	21.1	5.3	5.3	0	0	
企业家	选择人数(人)	4	2	3	3	2	2	2	0	0	0	7.39
	比重(%)	22.2	11.1	16.7	16.7	11.1	11.1	11.1	0	0	0	
资金	选择人数(人)	3	1	2	6	2	0	1	0	1	2	6.50
	比重(%)	16.7	5.6	11.1	33.3	11.1	0	5.6	0	5.6	11.1	
政策	选择人数(人)	4	4	2	1	3	0	1	0	2	1	7.00
	比重(%)	22.2	22.2	11.1	5.6	16.7	0	5.6	0	11.1	5.6	

(二)珍珠生产加工趋势分析

对珍珠生产加工趋势,这里主要从珍珠养殖、加工、贸易和品种需求态势进行判断分析。我们共设计了10个指标,其中8个指标有5个选项供专家勾选,另外2个指标由专家自由填写。问卷数据详见表5-3。

表5-3　珍珠生产加工趋势问卷情况

指标	测评人数(人)	选项				
		猛增	略有增加	维持现状	略有减少	锐减
养殖面积	20	1	2	4	13	-
养殖人员	20	-	4	5	9	2
珍珠产量	20	1	5	4	8	2
珍珠产值	20	1	7	6	4	2
珍珠出口数量	20	-	5	9	4	2
出口创汇收入	20	2	5	6	5	2
加工营销企业	20	-	8	7	5	-
加工营销人员	20	-	7	7	6	-
淡珠主推品种	15	三角帆蚌14位,池蝶蚌13位,冠蚌1位,康乐蚌1位,紫黑翼蚌1位,彩色蚌1位,赤蝶蚌1位				
海珠主推品种	12	企鹅贝10位,马氏珠母贝7位(合浦珠母贝3位),黑蝶贝4位,白蝶贝3位,大珠母贝1位				

(1)养殖面积。问卷中设计了5个选项,即猛增、略有增加、维持现状、略有减少、锐减。参与咨询的20位专家中,选择"猛增"者1人,

占5%；“略有增加”者2人，占10%；“维持现状”者4人，占20%；“略有减少”者13人，占65%（见图5－3）；选择“锐减”者没有。多数人认为养殖面积将来会缩小。

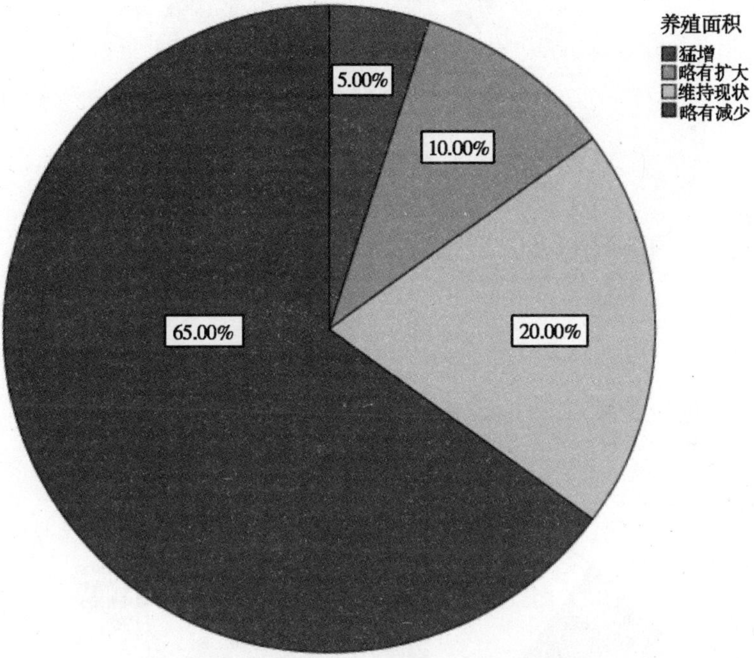

图5－3　珍珠养殖面积变化趋势观点结构图

（2）养殖人员。问卷中也设计了上述5个选项。20位专家中，选择“猛增”者没有；“略有增加”者4人，占20%；“维持现状”者5人，占25%；“略有减少”者9人，占45%；“锐减”者2人，占10%（见图5－4）。多数人认为养殖从业人员将来会减少。

（3）珍珠产量。问卷中设计了与“养殖面积”相同的5个选项。20位专家中，选择“猛增”者1人，占5%；“略有增加”者5人，占25%；“维持现状”者4人，占20%；“略有减少”者8人，占40%；选择“锐减”者1人，占5%（见图5－5）。多数人认为珍珠产量将来会

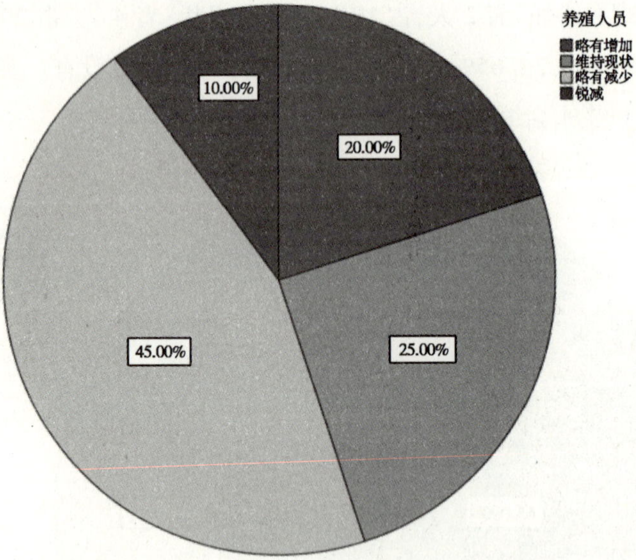

图 5－4　珍珠养殖人员变化趋势观点结构图

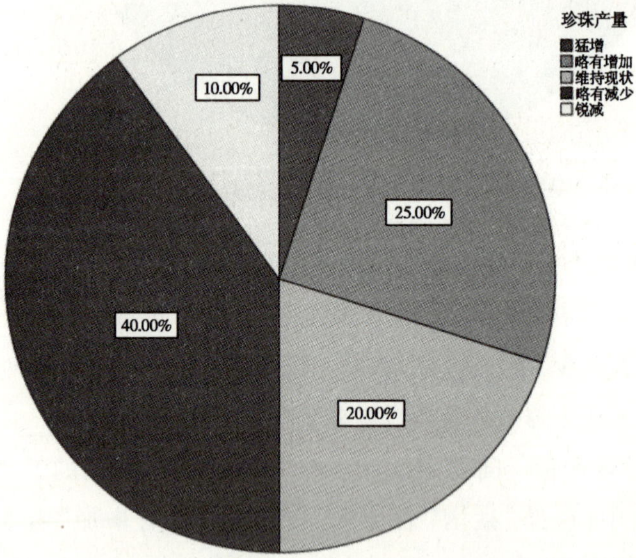

图 5－5　珍珠产量变化趋势观点结构图

减少。

(4)珍珠产值。问卷中也有前述5个选项。20位专家中，选择“猛增”者1人，占5%；“略有增加”者7人，占35%；“维持现状”者6人，占30%；“略有减少”者4人，占20%；选择“锐减”者2人，占10%（见图5-6）。多数人认为珍珠产值将来会增长。

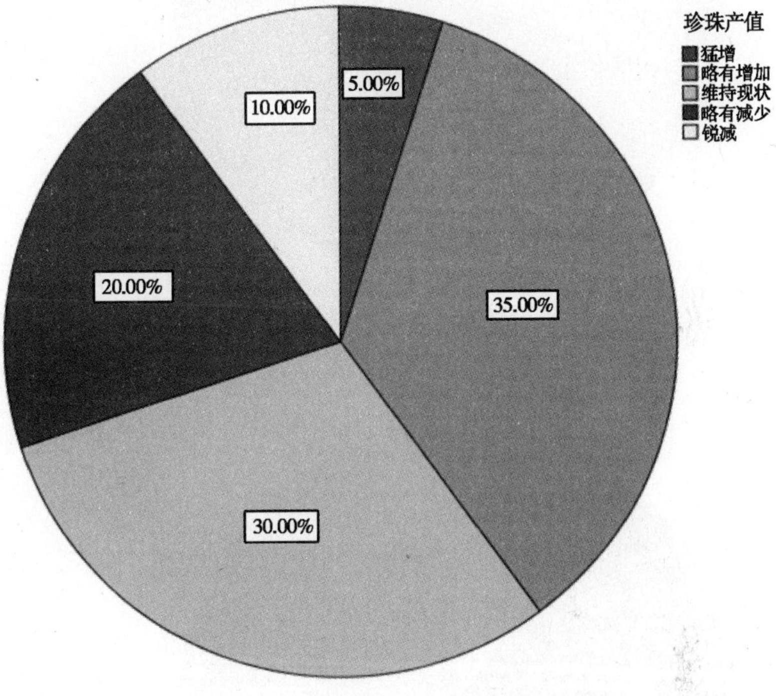

图5-6 珍珠产值变化趋势观点结构图

(5)珍珠出口数量。问卷中的选项同前。20位专家中，选择“猛增”者没有；“略有增加”者5人，占25%；“维持现状”者9人，占45%；“略有减少”者4人，占20%；选择“锐减”者2人，占10%（见图5-7）。多数人认为珍珠出口量将来的水平大体与目前相当。

(6)出口创汇收入。问卷中的选项与前面一样。20位专家中，选

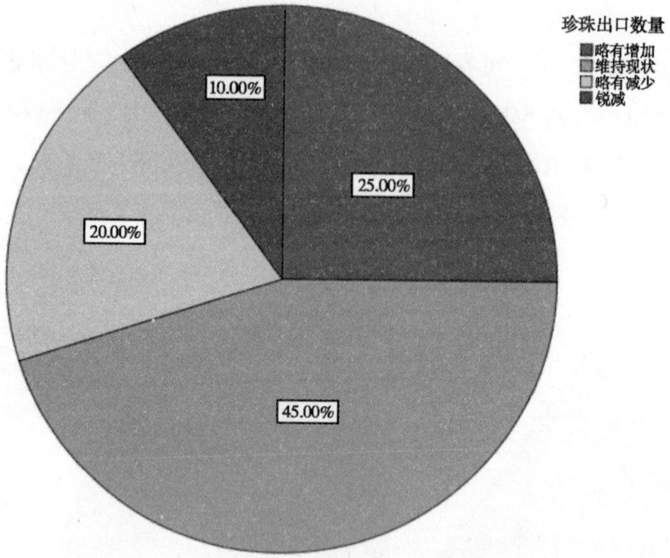

图 5－7　珍珠出口量变化趋势观点结构图

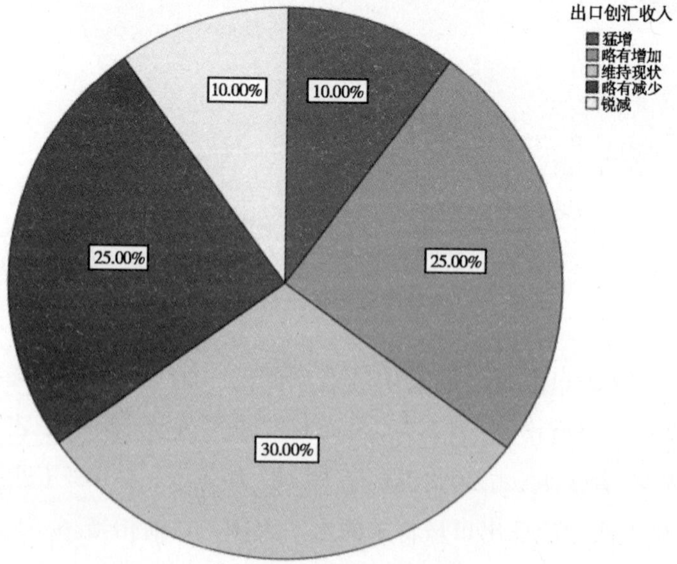

图 5－8　珍珠出口创汇收入变化趋势观点结构图

择“猛增”者2人，占10%；“略有增加”者5人，占25%；“维持现状”者6人，占30%；“略有减少”者5人，占25%；选择“锐减”者2人，占10%（见图5－8）。多数人认为珍珠出口创汇收入变化不大，基本维持现有水平。

（7）加工、营销企业。问卷中，我们设计了如前一样的5个选项。20位专家中，选择“猛增”和“锐减”者，均没有；“略有增加”者8人，占40%；“维持现状”者7人，占35%；“略有减少”者5人，占25%（见图5－9）。多数人认为将来我国的珍珠加工、营销企业在总量上会略有增加。

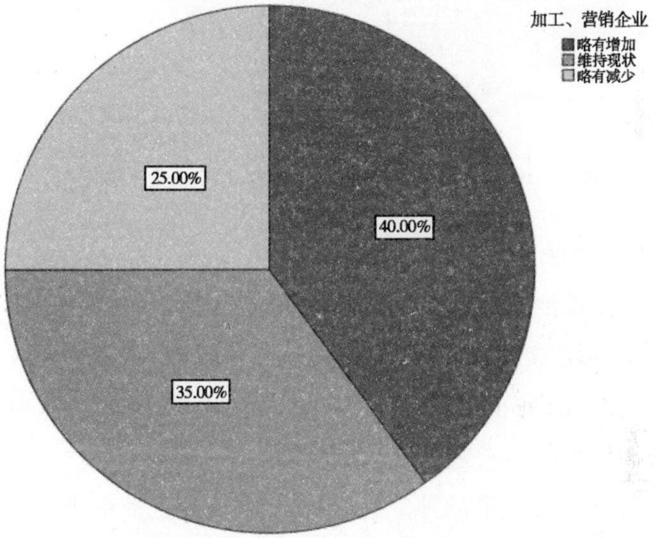

图5－9　珍珠加工营销企业数量变化趋势观点结构图

（8）加工、营销人员。继续用前面的选项向专家进行问卷调查。参与咨询的20位专家，有7位选择“略有增加”，占35%；“维持现状”者7人，占35%；“略有减少”者6人，占30%；选择“猛增”和“锐减”者没有（见图5－10）。绝大多数人认为将来我国的珍珠加工、营销人员在数量上不会减少很多，也不会增加很多。

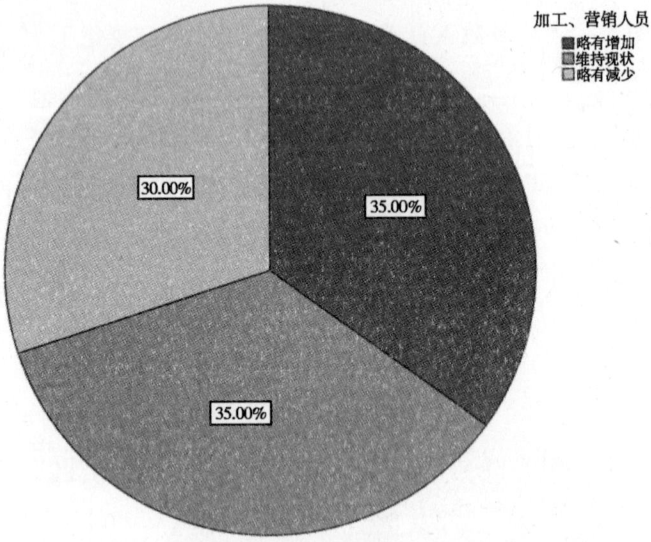

图 5－10　珍珠加工营销人员变化趋势观点结构图

(9)淡水珍珠主推品种。有 14 位专家认为主推三角帆蚌，有 13 位专家认为主推池蝶蚌，而认为主推冠蚌的专家 1 位，康乐蚌 1 位，紫黑翼蚌 1 位，彩色蚌 1 位，赤蝶蚌 1 位。三角帆蚌、池蝶蚌是淡水珍珠养殖未来主打品种，正圆珠、彩色珍珠、特大珍珠、象形珍珠和其他异形珍珠当为淡水珍珠未来重点发展对象。

(10)海水珍珠主推品种。有 10 位专家认为主推企鹅贝，有 10 位专家认为主推马氏珠母贝，而认为主推黑蝶贝的专家 4 位，白蝶贝 3 位，大珠母贝 1 位。企鹅贝、马氏珠母贝乃为海水珍珠养殖未来主导品种，大珠、黑珍珠、彩色珍珠、象形珍珠、不定形珍珠当为海水珍珠未来的发展重点。

(三)珍珠产业国际竞争能力分析

关于我国珍珠产业在国际上的未来竞争能力问题,这里设计了四类指标进行反映和分析:一类是珍珠生产规模和潜能,包括2个指标,即目前主要生产地区和未来有扩大可能的地区;二类是珍珠出口和营销,包括2个指标,即目前珍珠出口主要地区和未来珍珠营销开拓重点地区;三类是珍珠竞争比较优势,包括优势和劣势两个指标;四是国际竞争的综合能力,用"综合竞争力"指标反映。

(1)珍珠主要生产地区。我们设计了5个选项,即欧洲、美洲、亚洲、非洲、澳洲(大洋洲),向专家进行咨询。收回的问卷显示:20位专家中,均认为在亚洲,也有4位专家同时选择了澳洲(见表5-3)。

表5-3 我国珍珠国际产销竞争力问卷情况

指标	测评人数(人)	选项				
		欧洲	美洲	亚洲	非洲	澳洲
主要生产地区	20	0	0	20	0	4
生产明显扩大地区	20	0	0	14	2	2
出口主要地区	20	16	8	3	2	0
营销开拓重点地区	20	12	8	5	1	0

(2)珍珠生产明显扩大地区。我们设计了与"主要生产地区"一样的5个选项。参与咨询的20位专家中,有14位选择亚洲,2位选择非洲,2位选择澳洲,也有2位没有勾选(见表5-3)。

(3)珍珠出口主要地区。我们设计了与"主要生产地区"一样的5个选项。20位专家中,有7位专家仅选择欧洲,也有9位专家在选择了欧洲的同时还选择了美洲(7位)、亚洲(1位)、非洲(2位);仅选择美洲的1位，仅选择亚洲的2位（见表5－3）。

（4）珍珠营销开拓重点地区。设计的5个选项与“主要生产地区”相同。20位专家中，有6位专家仅选择欧洲，还有6位专家在选择了欧洲的同时还选择了美洲（5位）、亚洲（1位）；仅选择美洲的3位，仅选择亚洲的3位；也有1位选择了亚洲和非洲（见表5－3）。

（5）中国与国外珍珠竞争的比较优势。我们设计了品质、养殖、加工、其他（文字说明）4个选项。20位专家中有15位选择了“养殖”，选择“品质”、“加工”和“其他”的各1位。选择“其他”的专家认为“成本低”是中国珍珠在国际市场中的竞争优势。此外，还有1位专家同时选择了“品质”、“养殖”、“加工”，有1位专家没有填选（见表5－4）。

（6）中国与国外珍珠竞争的比较劣势。填选指标与“比较优势”相同。20位专家中，有12位选择“品质”、5位同时选择“品质”和“加工”，2位选择“加工”、1位选择“其他”（见表5－4）。选择“其他”的专家没有作文字说明。

表5－4　中国珍珠国际竞争的优劣势问卷概况

指标	测评人员（人）	选项			
		品质	养殖	加工	其他
比较优势	20	2	16	2	1
比较劣势	20	17	0	7	1

（7）在国际市场上的综合竞争力。我们设计了5个选项，即强、较强、一般、较弱、弱。20位专家均进行了选择，其中选择“强”的2位，“较强”的11位，“一般”的4位，“较弱”的4位，“弱”的没有专家选择。

三、珍珠养殖主体意愿分析

(一)珍珠养殖户意愿

问卷调查中,93.90%的养殖户表示今后继续发展珍珠养殖业,另有6.10%的珍珠养殖户不再打算养殖珍珠(见图5-11)。继续养殖珍珠的农户中,有13.41%的珠农表示压缩规模,64.63%的珠农表示维持现有规模,15.85%的珠农表示扩大规模,6.10%的珠农尚未确定,维持现状的珍珠养殖户较多(见图5-12)。不打算继续从事珍珠养殖的农户中,93.90%的珠农还没有想好干什么,2.44%的珠农表示改为鱼虾类生产,3.66%的珠农表示外出务工(见图5-13),多数珍珠养殖户还没确定今后干什么。

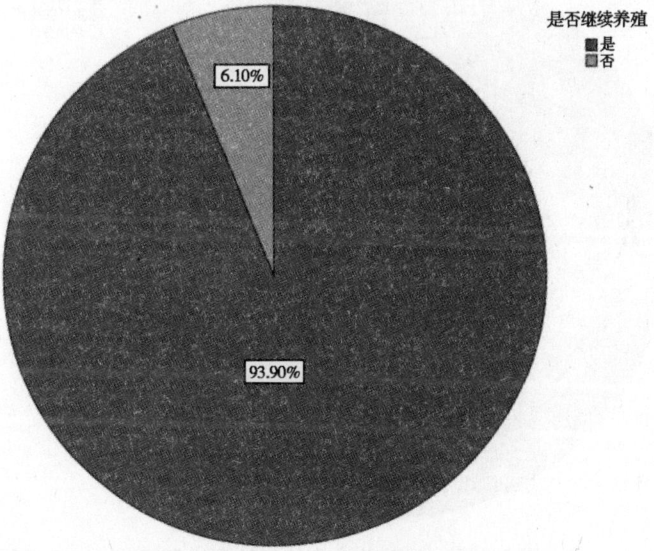

图5-11 珍珠养殖户未来珍珠养珠养殖意愿结构

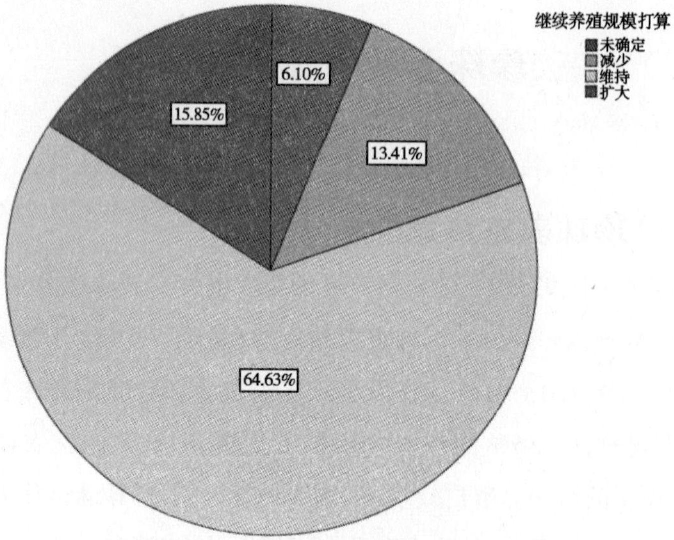

图 5－12　珍珠养殖户继续养殖的规模计划

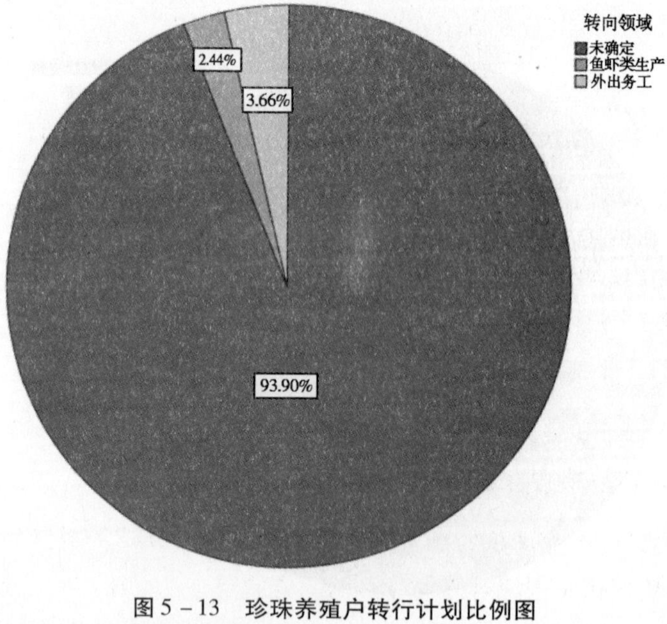

图 5－13　珍珠养殖户转行计划比例图

(二)珍珠养殖场意愿

珍珠养殖场有效问卷中,全部表示继续养殖珍珠,只是在规模问题上,有所不同:9.09%的珍珠养殖场打算压缩养殖规模,72.73%的养殖场仍将维持现状,18.18%的养殖场打算扩大珍珠养殖规模(见图5-14),维持现有规模的养殖场占绝大多数。

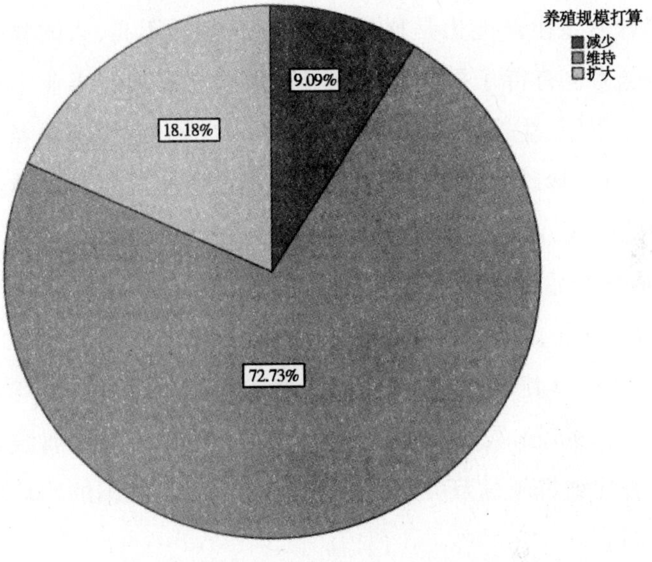

图5-14 珍珠养殖场未来珍珠养殖规模设想比例图

四、结论

(一)珍珠养殖生产问题方面

我国珍珠养殖产量大、产值低,生产经营中存在的环境保护、加工营销、品质增值和区际合作等方面的问题应当予以重视。

(1)当前珍珠养殖水体生态,经过政府整顿,养殖户配合,比以前有了很大改观。不过岸上的生态问题也不可小觑,尤其蚌壳的腐烂和异味,不仅对其他居民的生产生活造成危害,对珍珠养殖者自身的身心健康和生活质量也十分不利,必须予以解决。在解决珍珠养殖造成的生态环境问题的同时,也要解决城市生活垃圾和工业生产废物、废水、废气流向农村,流向珍珠养殖区的问题。只有内生污染和外来污染同时阻止、消除,珍珠养殖业方能健康发展。

(2)生产能力包括投入能力和产出能力。若以珍珠总产量而论,我国的珍珠养殖生产能力是比较高的,但是品质不高,人财物投入水平和管理能力也有待于提高。珍珠养殖户中尚有近一半业主的文化程度在初中以下,生产资金多靠自有资金和自筹资金,不少养殖户凭经验养殖珍珠,珍珠品种多为常规品种,很大程度上制约着单位水面珍珠产量的提高,制约着珍珠质量的提高。

(3)珍珠产品增值尚有很大提升空间。2010 年珍珠养殖户户均产量 404.54 公斤,收入 29.33 万元,平均每公斤收入 725.02 元。2012 年珍珠养殖户户均产量 3123.93 公斤,收入 228.64 万元 ,平均每公斤收入仅有 731.90 元,仅比 2010 年多 0.95 个百分点,与法属波利尼西亚珍珠每公斤销售额过万美元比,还有很大差距。我国的珍珠增值能力亟待提高。

(4)不同的珍珠产区之间,投入产出水平相差较大。纬度基本相同的浙赣两省,其珍珠生产差别不小,珍珠养殖户平均每个劳动者经营珍珠养殖水面和生产珍珠数量,前者均比后者多数倍。

(二)珍珠产业发展前景方面

(1)未来的环境资源对珍珠养殖的影响,以影响度而论:污染治理 > 珍珠品种 > 加工技术 > 研发人员 > 养殖技术 > 工艺设计 > 企业家 > 政策 > 营销人才 > 珠农素质 > 资金。若以 10 分制评价,这些因子的得分均在6.5分以上,影响力不小。

(2)未来的一段时期内,我国珍珠养殖面积、养殖产量和从业人员都有减少可能,珍珠产值则有一定的增幅,珍珠出口量和创汇收入基本与目前的水平相当。

(3)问卷调查中,多数专家认为将来我国的珍珠加工、营销企业在总量上会略有增加,珍珠加工、营销人员在数量上不会减少很多,也不会增加很多。

(4)将来,三角帆蚌、池蝶蚌是我国淡水珍珠养殖的主打品种,正圆珠、彩色珍珠、特大珍珠、象形珍珠和其他异形珍珠当为淡水珍珠重点发展对象。企鹅贝、马氏珠母贝则为海水珍珠养殖未来主导品种,大珠、黑珍珠、彩色珍珠、象形珍珠、不定形珍珠当为海水珍珠未来的发展重点。

(5)将来的珍珠主要生产地区,问卷的专家中,无一例外地认为在亚洲,而可能扩大规模的地区多数专家也认为在亚洲。

(6)问卷的专家认为,我国珍珠出口地主要在欧洲,重点开拓地区也在欧洲,美洲也是一个不可忽视的地区。

(7)与国外珍珠比,我国的竞争优势在于数量和低成本,劣势在品质和加工能力。综合而言,我国的珍珠产业竞争力处于中等水平。

(三)珍珠养殖主体经营意愿方面

(1)问卷调查中了解到,绝大多数养殖户表示今后继续发展珍珠养殖业,只有少量的珠农不再养殖珍珠。继续养殖珍珠的农户中,多数人表示维持现有水平,表示扩大或缩小的养殖户各有一成多。不打算继续从事珍珠养殖的农户中,九成多的珠农还没想好干什么,少量的养殖户表示改为鱼虾类生产或外出务工。

(2)珍珠养殖场有效问卷中,几乎百分百表示继续养殖珍珠,而且绝大多数表示维持现有规模，仅有一成的珍珠养殖场表示压缩规模，二成的养殖场打算扩大珍珠养殖规模。

第六章

珍珠养殖资源效益提升策略

从珍珠养殖环境资源到珍珠产品和收益的转变，会遇到方方面面的优势、劣势、机遇、挑战，应当采取相应的对策和措施，取长补短，扬优避劣，积极改善生态，美化环境，努力拓展资源开发广度和深度，提高资源利用率、转化率和产出率。

一、优化珍珠养殖区，打造珍珠产业核心区

水是珍珠养殖的先决条件，有水才有蚌贝的繁育成长，而且此水还必须是地表水，降水和地下水是不宜于珍珠养殖的。地表水包括海洋、江河、湖泊、水库、池塘、沼泽等水体。我国地表水资源十分丰富，海水方面，从北到南有渤海、黄海、东海、南海四大海域，总面积100多万平方海里，其中水深在200米以内的大陆架面积43万平方公里，是优良的天然渔场；淡水方面，面积在100平方公里以上的河流有5000多条，天然湖泊2万多个，另有为数众多的面积在500公顷以上的水库、星罗棋布的池塘等，可利用淡水水面566万公顷，是淡水养殖业的

宝贵资源。[①]

理论上讲,有地表水的地方都有蚌贝生长和珍珠培育的可能。我国任何一个省(市、区),任何一个县(市、区),乃至任何一个乡(镇)均可繁育珍珠、养殖珍珠,但是基于蚌贝生存的自然环境要求以及珍珠养殖的发展历史积淀,已经形成了较为适宜、相对集中的珍珠养殖产业发展区域。目前,我国淡水珍珠养殖主要分布在长江中下游两岸的江苏、浙江、上海、安徽、江西、湖南、湖北等省(市),海水珍珠养殖主要分布在广东、广西和海南的北部湾沿海地区,[②③]若在地理图上加以展示,则直观、清晰地表明:无论淡水珍珠养殖还是海水珍珠养殖都是省(区)相连的(见图6-1),这有利于珍珠养殖资源的综合开发和珍珠产业发展的宏观管理。

珍珠作为奇珍异宝级物品,之所以珍贵,就在于它的稀有性。数量多了,不稀罕、不珍贵了,就会贬值。珍珠养殖追求的核心目标不是产量而是高品质,以保持它的稀缺性。我国珍珠产量占世界的九成多,而珍珠首饰销售额仅有一成左右。“这种巨大的不均衡,充分说明,违背珍珠商品的本性,片面追求产量,资源的配置是无效率的。相反,限制产量,以质量取胜,才是科学的、明智的。”[④]

众所周知,做任何事都要突出重点,强调重中之重,避免眉毛胡子一把抓。发展珍珠养殖业也不例外。尽管我国的珍珠养殖已经形成了涵盖10多个省(区)的主要产区,但是并不意味每个主产省省内的任何地方都适宜珍珠养殖,都非常适宜珍珠养殖,还是有进一步优化

---

① 皮广洁. 农业资源利用与管理[M]. 北京:中国林业出版社,2000年,第148-150页。

② 张莉. 中国珍珠产业振兴研究[M]. 北京:中国经济出版社,2004年,第97页、第101页。

③ 洪一江,曹小秋,王军花. 我国珍珠产业体系关键技术与可持续发展分析[J]. 中国水产,2011年第6期。

④ 张莉. 中国珍珠产业振兴研究[M]. 北京:中国经济出版社,2004年,第81页。

调整的余地，还有进一步聚集的空间，应当优中选优，努力打造核心区。打造珍珠养殖核心区，有其客观必然性，有其重要的现实和深远意义：其一，区域产业发展和主次之分是由区域的客观环境条件决定的。不同的区域，资源禀赋不同。资源禀赋的差异，决定了某个区域适宜发展哪种产业，不适宜发展哪种产业，决定了某个区域可以将何种产业作为主要产业加以发展，何种产业作为次要产业加以发展，也决定了何种产业尤其含有自然再生产属性的农业布局于某个区域，不布局于某个区域。每个区域都要根据自身的资源条件，选择自己的产业发展方向、发展目标和发展重点。这是遵循生产力发展规律的必然要求。在区域空间上，珍珠养殖有最适宜区、次适宜区和不适宜区之分。最适宜区，是珍珠养殖环境资源最好和生产水平最高的地区，是珍珠养殖的首要依托，处于核心地位。将珍珠养殖区，分为主产区和非主产区，设置核心区和一般区，是区域分工的客观要求。其二，突出珍珠养殖核心区发展，有助于珍珠养殖资源的聚集和优势发挥，形成集聚效应，提高资源配置效果和产出效率；有助于珍珠养殖业的专业化、社会化大生产，构建区域主导产业和支柱产业，增强珍珠养殖业的地位和作用，提升珍珠养殖区社会影响力和竞争力。

从全国来讲，在将江苏、浙江、安徽、江西、湖南、湖北等省（市）列为淡水珍珠养殖主产省，将广东、广西和海南列为海水珍珠养殖主产省的基础上，要进一步优化、配置资源，塑造具有核心竞争力的珍珠养殖优质区和增长极，将杭州湾、太湖、鄱阳湖、洞庭湖、洪泽湖周边地区、大型水库库区列为淡水珍珠养殖核心区加以培植，将雷州半岛沿海地区列为海水珍珠养殖核心区加以培植（见图6－1）。充分利用核心区的优质水资源扩大珍珠养殖规模，大力鼓励这些地区延长珍珠养殖周期，发展高品质珍珠、高档次珍珠，做大做强珍珠养殖业，增强珍珠国际竞争力。其他地区，则充分挖掘比较优势，适度发展珍珠养殖，以起拾遗补缺的作用。

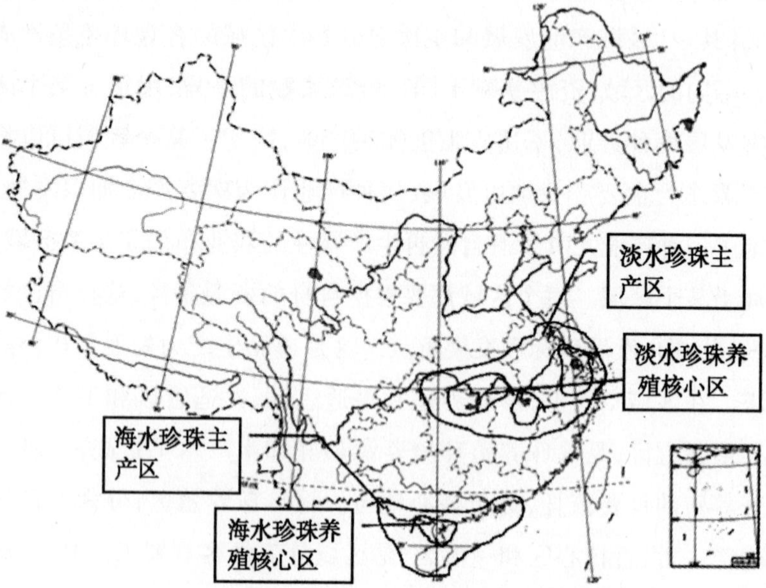

注:底图引自百度地图.中国地理图.中国地理基础图。

图6-1 中国珍珠养殖主产区和核心区分布图

二、发展循环农业,提高珍珠养殖资源利用水平

资源是宝贵的,也是有限的。要实现珍珠养殖业的可持续发展,就必须有源源不断的资源供给,就必须节约资源、修复资源,促使资源循环利用、再生利用。循环农业“是采用资源减量消耗、农产品多级利用和农业有机废弃物资源化的闭合循环生产模式的工业型农业”。①发展循环型农业有利于提高资源利用率。

① 尹昌斌,周颖.循环农业发展理论与模式[M].北京:中国农业出版社,2008年,第111页。

珍珠产业从珠贝育苗至终端产品（珍珠饰品）是一个完整的、有机的产业链，[1]围绕珍珠母贝养殖、加工则可形成多样的、有序的产业循环，[2]其所涉及的基本内容和联结，如图 6－2 所示。图表明，珍珠产业牵涉面很广，除了珍珠养殖业，还有提供饲料源的畜牧业，利用池泥的种植业，利用残饵的渔业，利用贝肉的食品业，利用贝壳的工艺品业，以珍珠为原料的饰品业、药品业、美容品业，同时还有仓储、运输、技术服务等第三产业，这些产业相互联系、相互作用，共同塑造珍珠发展王国。从中还可以看出，珍珠养殖业中资源循环利用的渠道不少，空间很大，应当积极开发，努力开发。

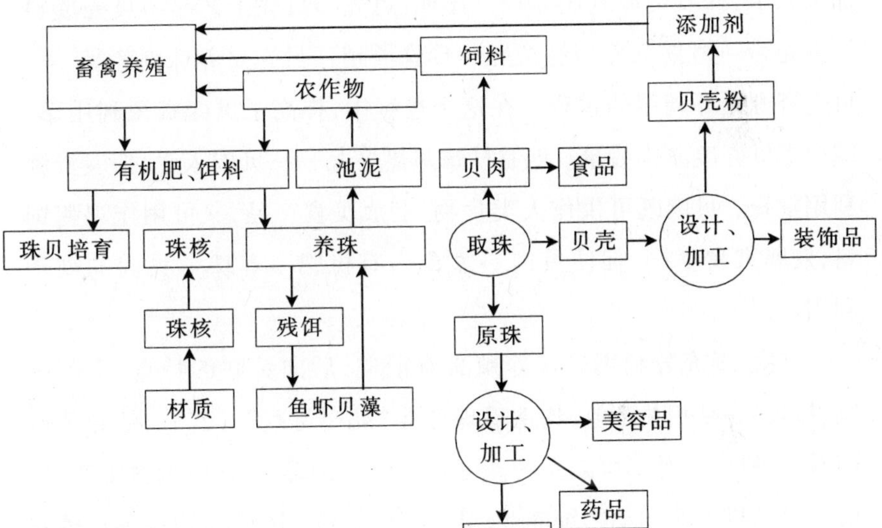

图 6－2　珍珠产业链图

---

① 陈劲，张高亮，陈中，杜坤林．基于全球价值链的珍珠产业升级机制研究——以诸暨市珍珠产业为例[J]．农业经济问题，2007 年第 2 期。

② 张莉，冯荣坤．加强资源环境保护，促进南海珍珠产业可持续发展[J]．生态经济，2006 年第 5 期。

首先,要充分利用珍珠资源可以循环开发的特点,不断提高珍珠资源的再生率、修复率、利用率、产出率。一是从蚌池水体资源入手,发展池中循环水产业。投饲料养珠贝,难免会有残饵。如果这些残饵不加以处理,必然影响蚌池水体质量。蚌池中投放适量的鱼、虾、贝、藻,由它们吸收消化养珠残饵,既可减少残饵对水质的破坏,又可提高水资源产出率。二是从珍珠养殖入手,发展珍珠——作物——畜禽循环农业。有机肥→珠贝养殖→池泥→泥肥→农作物→畜禽→有机肥是个持续循环的过程。在这个过程中,可以有效利用农家肥,减少污染源,改善蚌池及其周边生态环境,丰富农业生产内容。三是从珠贝加工入手,开发资源利用途径。比如:贝壳→贝壳工艺品→贝壳废料→贝壳粉→畜禽饲养→有机肥→珍珠养殖→贝壳是养珠副产品——贝壳资源循环利用的过程。在这个过程中,提高了贝壳资源利用率,减少了贝壳废渣排放量。四是从珠贝副产品——贝肉入手,拓展资源利用空间。贝肉既可供作人类食物,变成美食产品,又可用作鸡鸭饲料,发展家禽生产,促使贝肉→家禽→有机肥→养珠→贝肉的循环利用。

其次,要充分利用珍珠养殖具有前向、后向关联的特点,不断拓宽、拉长、联结相关产业,构造珍珠产业"航空母舰"。其一,从养珠产前看,饲料供应是不可缺少的。可以围绕饲料需求,开发饲料生产,发展一批饲料工业和动物饲养业;其二,从养珠产中看,可以发展立体农业。池水中生产鱼虾贝藻类产品,池岸边上种植旱作物、果树,发展种植业,或搭棚饲养动物,发展畜牧业;其三,从养珠产后看,可以发展珠、贝加工业,发展珠、贝艺术品设计、创意产业。

一言以概之,珍珠养殖区应当充分利用既有的优势资源和条件,从珍珠生产的产前、产中、产后各个方面,全方位地发展珍珠相关产业,发展循环农业和循环经济;通过珍珠生物链,循环利用珍珠生产资源及其副产品，减少珍珠生产垃圾，提高资源利用率和产出率，保护生态环境，促进珍珠养殖业健康、有序、可持续发展。

三、注重技术创新与应用，增强珍珠养殖资源产出能力

珍珠产业发展中，经常会遇到这样的情况：同样的水面，同样的物质投入，有的养殖户在取得珍珠高产的同时，也保护了水体生态；有的养殖户虽然获得了高产，但破坏了水体环境；还有的养殖户既没有获得好收成，又破坏了水生态环境。同样质量的1公斤珍珠，有的人可以获取上万元收入，有的人却只获得区区几百元收入。同样是取珠后剩下的蚌壳，有的人将其视为废物，随意丢弃，污染环境；有的人将其视为财富，加工成墙砖，成为高档装修材料。诸如此类，资源相同，人力、物力、财力投入相同，但产出差异甚大的现象比比皆是。其中的原因虽然有点复杂，但无不与技术进步和技术含量有关。科技可以将废物变为宝物，实现资源再生利用，实现产品增值，是提高珍珠养殖资源利用水平、资源产出水平的催化剂和助推器。尽管珍珠养殖问卷数据显示珍珠养殖科技进步贡献率有70多个百分点，然而珍珠养殖业的科技进步仍然有很大的提升空间，况且不进则意味退步，因为别的地区、别的产业的科技是在发展的，要进步的。因此，要特别重视珍珠养殖产业的科技研发和应用工作。

一是注重技术创新，通过技术创新驱动珍珠养殖业发展，提升资源利用水平和要素产出水平。创新既是珍珠养殖资源开发利用的源泉，也是科学技术本身发展的灵魂。只有不断研制珍珠新品种、新产品，不断革新珍珠养殖方法、养殖模式，不断变革珍珠生产工艺、生产设备，不断创新珍珠生产经营理念、管理手段，资源利用才能拓展新空

间，找到新出路；资源才能产出新产品，带来新价值；珍珠生产技术也才能有新发展、新进步，更好地服务、支持、推动珍珠养殖产业发展。发达国家和地区是非常重视技术创新的。他们常常会借助其强大的经济力量、优越的工作条件和优厚的生活待遇，吸引世界各地的优秀人才，创新珍珠生产技术，抢占珍珠养殖加工技术高峰，以最少的资源、最快的速度、最短的时间产出又多又好、价值又高的珍珠产品。珍珠养殖加工技术创新，应重点突出三个方面的创新：一要革新、改进珍珠养殖加工传统技术，淘汰和替换资源投入大、产出少的落后技术；二要针对资源供给的种类、数量、质量，探索资源开发利用新方向、新形式，培植资源新转化点和增值点；三要根据市场需求动态，研制资源利用新途径，创造生产技术含量高的新产品和特色产品。

二是主攻关键技术。珍珠养殖加工资源开发利用和保护技术涉及面较广，我国的研发力量也有限，应当坚持“有所为，有所不为”的原则，抓住关键，重点突破，围绕珍珠产业发展中的急需技术和关键问题，组织力量，进行攻关。从珍珠产业链来看，珍珠产业技术攻关应重点放在珍珠养殖和珍珠加工方面，因为：珍珠养殖和加工是整个珍珠产业链中创造经济、社会和生态效益的关键环节。珍珠养殖是培育原珠大小和改变产量高低的根本保障，也是珍珠产业链中资源用量最多、环境污染较重的环节；珍珠加工是珍珠保值增值的有力手段，也是珍珠产业链中资源用量不少，废渣、废水、废气较多的一环。抓住珍珠养殖，抓住珍珠加工，也就抓住了珍珠增产升值的关键，抓住了污染控制的关键。从珍珠产业生产技术薄弱环节来看，应当重点抓好珍珠品种的改良，繁育、培育新良种，引进、试验、推广新良种；抓好珍珠养殖模式的改进，开发立体养殖、循环农业技术，开发资源节约和环境保护技术；抓好珍珠加工技术的研发，发展珍珠创意技术，改进珍珠加工工艺；抓好珍珠信息技术的研发，便捷、高效传导、监测珍珠资源开发与保护动向、珍珠生产和供需动态，实现珍珠市场需求——产品生产——资源开发的无缝对接。

三是积极推进产、学、研结合。产、学、研结合有助于改变过去那种生产、科研、教学相互脱节的现象，又快又准地发现珍珠生产技术问题，解决珍珠生产技术问题，提高科学技术应用率、普及率和转化率，培育实用人才；有助于珍珠生产、珍珠科研、珍珠教学三方共成长、共发展。应当打破地区界限、行业界限、部门界限，牵线搭桥，构筑平台，采取激励性措施，拟定互惠互利、灵活有效的运作机制，促进产学研合作发展。有条件的地区应当大力鼓励生产、科研、教学三方结成战略联盟，让珍珠生产有稳定的技术援助和人才支撑，珍珠科研教学有稳定的研发基地、教学基地和一定的发展资金，以便于三方在联盟中相得益彰，不断发展壮大；在联盟中形成合力，共同促进区域珍珠产业做大做强。

四、促进珍珠养殖产业化经营，提升珍珠养殖资源开发综合效应

发展珍珠养殖产业化经营有其客观必然性和迫切性。如前所言，珍珠从养殖到消费，可以衍生出很多产业，既有纵向方面的产业，又有横向方面的产业。这些产业相互联系、相互制约，有着显见的“一荣俱荣，一损俱损”的关联性。这从客观上要求珍珠养殖必须发展产业化经营，避免顾此失彼现象；通过产加销、贸工农一体化，提高珍珠产业的综合经营能力和竞争力。这是其一。其二，我国珍珠养殖户分散，珍珠生产独立经营较多，规模小，组织化程度，缺乏抵御自然灾害能力，缺乏市场交易谈判能力，缺乏生产要素运筹能力，缺乏创新能力，需要合作、联动，形成“众人拾柴火焰高”之势，增强抗风险能力和创新

发展能力。其三,我国珍珠养殖场和珍珠加工企业的经济实力也不够强,企业产品在国际市场竞争中缺乏规模优势、成本优势;珍珠养殖加工企业需要低成本扩张,需要广大珍珠养殖农户入伙,以壮大规模,节省成本,增强竞争优势。

发展珍珠养殖产业化经营,加强珍珠养殖产业链管理,有助于提升珍珠养殖资源的利用率和产出率,变资源优势为经济优势。珍珠产业从养殖到加工、从贮藏到流通、从生产到消费,存在丰富多彩的物质装备、生产对象、劳动力等方方面面资源要素,其中的一些资源要素可能归某一生产环节所有和使用,也有不少资源要素可以被多个环节所共有和利用;存在各式各样的物流、资金流、技术流、信息流,而资源要素在各个生产环节之间的流动速度的快慢、流动效果的大小,又取决于产业化经营和产业链管理的能力与水平。在既有的可用的资源要素的情况下,产业化经营水平高,产业链管理能力强,资源要素的流动速度就快,流动效率就高,资源派上用场的可能性就大,资源转化效果就明显,资源开发利用的效应就广、就多。如果珠贝繁育、珍珠养殖、珍珠加工等环节相互割裂,互不协作,资源独自享用,互不流动,不可避免地会产生不必要的资源重叠贮备、重复积累现象,降低资源利用率和使用效果。

农业产业化经营在我国已经有近 20 年的发展历史,遍及全国各地和各涉农行业,其中有很多的经验做法可供珍珠养殖产业化经营借鉴。在珍珠养殖业产业化经营过程中,龙头企业的培育、养殖基地的建设和协调机制的构建是关键,必须抓实抓好。

一是培育龙头企业。龙头企业一般经济实力、技术实力、经营能力、管理能力较强,具备引领生产、组织生产的机制和条件。养殖户有一定数量的珍珠养殖区应在龙头企业的自建或挂靠上有所作为。龙头企业的选建可以不局限于某一类型、某一性质的企业和单位,珍珠养殖企业、加工企业、流通企业、中介组织、合作协会、专业市场和科研院所均可，国有、集体、个体、股份制企业均可，只要它真心、诚心服务于珠农，愿与广大珠农结成“风险共担，利益共享”的共同体，就要积极培育，按照高标准、严要求加以扶持和运作。

二是创建养殖基地。养殖基地是珍珠产业龙头企业和广大珍珠养殖户联结的桥梁。发展珍珠养殖基地有助于龙头企业和养殖户分工协作、各司其职，降低经营成本，提高运行效率。对珍珠龙头企业而言，有了养殖基地，就方便于聚集四面八方的珍珠养殖户的产品，向为数众多的养殖户传递珍珠供求信息和生产要求；就有了稳定的珍珠供给基础，集中精力寻找珍珠消费需求市场，应对珍珠市场供求变化。龙头企业若直接与一家一户的、分散的、众多的珍珠养殖户面对面、一对一对接，势必增加人力、物力、财力投入，增加不必要的负荷量，增加运作成本。对珍珠养殖户而言，有了养殖基地，就有了主心骨，增强与珍珠需求方的谈判力；就方便于获取珍珠养殖中所需要的良种、技术、信息等生产要素，提升生产能力。不仅如此，珍珠养殖基地由于专业性、示范性较强，对珍珠养殖生产要素及其产品的集散作用明显，因而十分有利于珍珠养殖区专业化程度的提高，有利于珍珠养殖主产区和核心区的建设。珍珠养殖基地可以由政府部门组织建设，也可以由龙头企业或由养殖农场、养殖大户创建和承建；重点要抓好基础设施建设、管理体制建设和运作机制建设，努力扩大规模，增强集散作用，提升凝聚力和影响力，成为龙头企业和广大养殖户均可以信赖和依托的重要载体，成为珍珠养殖主产区建设的生力军和主阵地。

三是完善联结机制。珍珠养殖产业化有“公司（企业）+基地+养殖户”、“公司（企业）+中介组织+养殖户”、“公司（企业）+批发市场+养殖户”、“公司（企业）+养殖场+养殖农户”等多种组织形式。应当充分尊重各经营主体的意愿，自由选择联结方式；应当按自愿原则和“利益共享,风险共担”原则,联结各经营主体;应当建立权、责、利明晰的运作机制,建立相互尊重、相互信赖的协作机制,唯有这样,各经营主体才能风雨同舟,劲往一处使,也只有这样,才能充分发挥各经营主体的积极性,激活产业链上的方方面面资源,提高资源利用率和产出率,降低、分摊珍珠产业生产成本,提升珍珠产业竞争能力。

五、积极筹措优化配置资源,夯实珍珠养殖可持续发展能力

资源是珍珠养殖产业发展的根基和命脉。没有资源,没有充足、丰富的资源,珍珠养殖产业发展就会无米之炊,就会空谈、乏力。源源不断的资源供给是珍珠养殖产业发展的根本保障。因此,必须努力筹措资源,不断筹集优质资源,以满足珍珠养殖产业发展的需要。

资源有可移资源和不可移资源两大类。不可移资源,区域性很强,基本归某个特定的区域所有,但不归某个产业专用。可移资源,流动性很大,并不归某个区域专用,也不归某个产业专用。没有一定的吸引力,资源难以留住;没有有效的推动力,资源难以流入。在资源筹措的问题上,不仅要想方设法吸引资源,用于珍珠养殖产业发展,而且要千方百计留住资源,支持珍珠养殖产业发展。对珍珠养殖产业发展中的紧缺资源、优质资源,尤其要有好的方法、好的措施,加以引进、留住,用好、用活。未来的一段时期内,要重点抓好两方面的资源统筹工作:一是资金筹措。许多珍珠养殖户深感资金不足,难以扩大生产规模,难以发展生长周期长的大珍珠、优质珍珠生产。有必要增加公共财政投入,改善珍珠产业发展公共基础设施;有必要扩大资金来源渠道,增加资金总量,充分利用银行信贷资金、民间信贷资金、社会闲散资金,或采取资金入股、厂房入股、物资入股、水域入股等方式,壮大固定资产,扩大流动资产;二是人才筹备。珍珠养殖户中懂技术、会经

营、善管理的复合型人才奇缺。必须加大培训力度，通过网络电视授课、脱产观摩学习等途径培训珠农。有必要在高等教育和农业职业教育中设置珍珠相关课程，培育珍珠产业发展人才。

珍珠产业是一个完整的产业链，链上无论哪个环节增值不佳，环境污染失控都将影响整个珍珠产业的可持续发展。珍珠生产既是一种社会行为，更是一种经济行为。人们从事珍珠生产经营的根本目的在于获取经济收益，通过发展珍珠，实现资本积累，扩大生产，改善生活。没有收入或增收甚微，任何一个环节的珍珠生产者和加工者都有可能弃之不为。另一方面，保护和改善生态环境已成为人类的共同行动，经济活动对环境质量的影响越来越受到人们的关注。珍珠生产一旦某个环节出现环境污染，就会受到人们的弹压、限制甚至禁止，进而影响整个产业链的发展。这就要求合理配置资源，应付各方需求，以保障珍珠产业有序、协调发展。

资源配置时时处处要注意公平与效率的问题。只顾效率不顾公平的资源配置不可取，只顾公平不顾效率的资源配置同样不可取。不同的发展阶段，资源配置的偏向是不同的。经济技术处于发达阶段，资源配置应突出公平性；经济技术处于欠发达阶段，资源配置应突出效率。我国珍珠产业尚处于做大做强的发展阶段，资源配置应突显效率兼顾公平。对珍珠养殖区而言，应将资源和生产要素重点配置于珍珠养殖主产区，配置于珍珠养殖核心区；对珍珠经营主体而言，应将资源和生产要素重点配置于有较高社会责任感的珍珠养殖场和养殖大户，配置于助农扶农能力强的珍珠加工营销龙头企业；对珍珠产业而言，应将优质资源和生产要素重点配置于珍珠养殖和后续加工环节。

总而言之，资源的筹措与配置，应劣中选优、优中选优，在优化中筹措资源，增添资源，配置资源，持续、高效充实珍珠产业发展基础，改善珍珠产业发展条件，增强珍珠产业可持续发展能力。

第七章

主产区珍珠产业可持续发展的思路与对策

江西是我国珍珠养殖加工起步较早的省份，也是我国珍珠养殖主产区。近来，江西正在纵深推进鄱阳湖生态经济区发展战略，探索生态与经济良性循环的有效途径。这一战略对江西珍珠产业发展既提出了新要求，也提供了难得机遇，无论从生态的角度，还是从经济的角度，都期望珍珠养殖产业走高效、可持续发展的道路。基于此，本章以江西为例，探讨主产区珍珠产业的可持续发展问题。

一、生态经济发展战略对珍珠产业发展的影响

发展战略由美国学者赫希曼 1958 年提出使用，20 世纪 70 年代引入我国，并得到广泛应用。它的制定和实施对特定区域的经济社会发展起到积极的指导作用，一定程度上成为区域或企业发展的投资指南。[①] 鄱阳湖生态经济区发展战略是国家区域发展战略的重要组成部分，是鄱阳湖生态经济区乃至江西各产业发展的纲领性文献和行动指

① 吴殿廷. 区域经济学[M]. 北京：科学出版社，2003 年第 1 版，第 387 页。

南。江西各地市、各部门的"十二五"发展规划均体现了这一战略意图。鄱阳湖生态经济区的建设一方面为该地区生态产业发展提供了新契机,比如:它催生了江西旅游业的"鄱湖牌",激活了江西旅游品牌资源的新发现,展示了江西旅游品牌资源的新聚集,改变了江西核心旅游资源的亮点定位;另一方面也离不开生态产业的建设和发展,比如:要以甜叶菊绿色生态产业为大项目促进鄱阳湖生态经济区的大发展。[①②③] 这充分说明,鄱阳湖生态经济区发展战略与江西产业经济发展是有相互影响、相互促进作用的。珍珠产业是江西尤其是鄱阳湖地区的特色产业、传统优势产业,有着良好的发展基础条件和显见的区域比较优势,发展潜能大,市场前景广,在我国有一定的影响力。它的发展同样受到鄱阳湖生态经济区发展战略的指导、约束和扶助,同时对鄱阳湖生态经济区建设也有一定的促进作用。

(一)鄱阳湖生态经济区发展战略对珍珠产业发展提出了新要求

鄱阳湖生态经济区建设是要探索一条生态与经济协调发展的新路子,其本质要求是经济发展要有生态观,在发展经济的同时切实维护和改善生态环境;保护生态环境要有发展观、效益观,在保护生态中不断加速发展社会经济,这也是对江西珍珠产业发展提出的基本要求。首先,珍珠发展要有生态经济观。生态经济区是生态与经济协调发展、共同进步的特定区域。生态经济不是简单的生态与经济两个概

---

① 余达锦,胡振鹏. 鄱阳湖生态经济区生态产业发展研究[J]. 长江流域资源与环境,2010年第3期。

② 温锐,杨丽琼,曹国新. 鄱阳湖生态经济区建设与江西旅游业发展新契机[J]. 江西财经大学学报,2010年第2期。

③ 郭际. 在鄱阳湖生态经济区发展甜叶菊绿色生态产业的优势及对策[J]. 老区建设,2009年第12期。

念的组合，也不是生态与经济相互分离的概念。① 在发展鄱阳湖生态经济区珍珠产业时，要有这种意识，充分讲求生态与经济的有机统一。其次，发展珍珠产业必须把环境建设和生态保护放在首位。要转变发展方式，克服掠夺性经营不良行为；要实行珍珠生态健康养殖加工，减少和控制珍珠养殖加工污染，为鄱阳湖水质稳定在Ⅲ类以上作贡献。再次，在不脱离保护生态环境的情况下加快珍珠产业发展。保护生态，改善环境，目的是为了更好地发展经济。发展珍珠产业不能为保护生态环境而束手束脚。发展是硬道理。要采取积极措施，创新发展途径，大力开发和利用珍珠生态资源、社会资源、经济资源，提高资源产出率，不断推动珍珠产业发展。

（二）鄱阳湖生态经济区发展战略对珍珠产业发展创造了有利条件

鄱阳湖生态经济区发展战略已经上升为国家战略，这为更多地争取国家支持，促进湖区经济和江西产业发展创造了历史性机遇，也为江西珍珠发展带来了良好契机。其一，鄱阳湖生态经济区“三区一平台”建设战略，为珍珠产业发展提供了契机。比如：通过率先探索生态经济协调发展新路子，培育一批知名企业和品牌，打造“加快中部崛起重要带动区”，为江西珍珠产业争当中部地区主力军提供了良机。其二，鄱阳湖生态经济区水利、交通、能源和信息等重大基础设施建设，为珍珠产业发展硬件条件改善提供了便利。其三，鄱阳湖生态经济区建设鼓励体制机制创新，对搞活珍珠产业经济具有重大的示范效应和推动作用。其四，鄱阳湖生态经济区重大产业项目建设和财政金融支持，便于珍珠产业发展获取更多的人、财、物。其五，国家和江西省有

---

① 廖进球，吴昌南．关于生态产业发展的几点思考[J]．当代财经，2010 年第 12 期。

关部门对鄱阳湖生态经济区建设的重视、关怀、指导、协调，对湖区珍珠产业的经营管理有重要的帮助作用。

二、珍珠产业可持续发展的问题与原因

我国自1958年成功培育第一颗淡水珍珠以来，珍珠产业发展大体经历了起步、鼎盛、低迷、恢复四个阶段，[①]总体看，江西与全国类似，基本处于螺旋向上发展的态势，但是在恢复（上个世纪末起）过程中，江西的步伐较为缓慢，其中的原因是多方面的，较为突出的表现有五个方面。

（一）珍珠市场震荡频繁，击碎珠农创业期望

20世纪八九十年代，珍珠紧俏，价格猛涨，养殖规模迅速扩大，江西珍珠产量由1986年1376公斤猛增到1999年的44988公斤，13年净增30多倍；随后，珍珠旋即供过于求，加上病害蔓延，给了珠农一个措手不及，损失惨重，仅3年时间光景珍珠产量下降1倍（2002年江西珍珠产量为20007公斤）。21世纪以来，珍珠市场像"过山车"一样起伏难料，2000年我国珍珠外贸出口均价297.35美元/公斤猛增到2005年7250.62美元/公斤，5年增长24倍，随之180度大转变，由2006年的6194.90美元/公斤骤降为2007年的295.52美元/公斤，[②]仅仅经历2年，价格回到原地，严重动摇珠农恢复和扩大珍珠养殖加工的积极性，不少养殖户和加工业主失去定力，望"珠"兴叹，避之不及。

① 戴银根，罗洁. 中国淡水珍珠产业现状与对策研究[J]. 中国水产，2006年第7期。

② 李飞星，杨伟文. 珍珠产业国际竞争力比较研究[J]. 农业经济问题，2010年第11期。

（二）珍珠污染限产，点面拓展受阻

数年前，珍珠生产比较效益高，农民踊跃养殖，伴之而行的是布点盲目，发展无序，肥料滥用，污染失控，治理滞后，严重影响城乡居民生活用水安全，受到各方人士的指责。为了保护水域生态环境，还城乡居民一个优质水源和生活空间，不少地方发文限产，如湖北省 2007 年出台《关于禁养限养珍珠和规范水产养殖的意见》，湖南常德市 2010 年前对珍珠养殖实行压减。一方面，邻省的珍珠禁养、限产、减压气势对江西珍珠养殖构成压力；另一方面，江西珍珠养殖中客观存在的未发酵农家肥的大量使用，在一定程度上也确实恶化了水体质量，污染了周边居民生活饮用水，影响了城乡生产生活环境，引起各方人士的关注，受到广大民众的诟病，对珍珠养殖提出了清洁生产要求，提出了整治、规范举措，提出了禁养、限产工作任务，迫使不少地方的珍珠生产退出了历史舞台。

（三）珍珠产业地位弱化，缺少有生力量支持

珍珠是江西的传统优势产业、特色产业，但是由于其从业人员少、经营规模小、经济总量小，在江西农村经济和市（县）域国民经济发展大盘中常被边缘化，即使在渔业经济发展中也得不到足够重视，省、市政府部门和科研单位既没有独立的机构也没有专职的人员指导珍珠产业工作，县（市）政府部门也仅有都昌、万年等极少数县有一定的建制机构管理珍珠产业发展。目前在江西除都昌有系统的、全面的全县珍珠产业发展规划，万年有明确的全县珍珠产业发展蓝图，将珍珠产业列为县域经济支柱产业，在财力、物力、人力上给予重点支持外，其余地方的珍珠产业发展基本处于自发阶段，组织化程度不高，规模化、持续化发展存在很大的变数。

(四)珍珠加工度和集中度不高,缺乏增值能力和发展后劲

我国是珍珠生产大国,产量占全球的九成多,但在国际市场中销售价格不高,增值性不强,贸易额不及世界的一成。① 2008 年我国大陆地区珍珠出口均价 334.31 美元/公斤,明显低于香港 17742.96 美元/公斤、日本 5323.43 美元/公斤、美国 17698.38 美元/公斤、澳大利亚 17992.8 美元/公斤、瑞士 32860.86 美元/公斤的水平。虽然多量供应、低价销售具有占领市场的优势,但是出口价格低也意味着珍珠产品档次不高、质量不高、加工技术不高,长期的高产量、低价格、低质量、低技术生产经营,必将制约珍珠产业的持续发展。② 江西是我国珍珠主产省,但产品以原料出售为主,加工量少且技术落后,品质、档次低,在加工设计环节中缺乏创新能力、增值能力,升值利润相形见绌;产品经营分散,集中度不高,在市场交易中缺少主动权、话语权,常被买方所左右。与浙江诸暨相比,江西珍珠加工增值能力、市场贸易能力存在着很大的差距,换句话说,江西珍珠可持续发展的经济技术量能和动力尚待积蓄。

(五)珍珠人才流失,产业发展维艰

江西珍珠养殖起步较早,在 20 世纪八九十年代的鼎盛时期,培养和储备了一大批品种繁育、生产养殖、病害防疫等方面的技术人才,有力地促进了珍珠养殖加工业的发展。21 世纪初,由于珍珠养殖加工大

---

① 陈蓝荪,李家乐. 中国珍珠产业市场结构分析与发展对策[J]. 中国水产,2010 年第 12 期。

② 李飞星,杨伟文. 珍珠产业国际竞争力比较研究[J]. 农业经济问题,2010 年第 11 期。

环境的不景气，江西许多珍珠技术人员转行或外出务工置业，一方面削弱了本省珍珠生产能力，另一方面又恰恰壮大了外省珍珠生产实力。以万年县为例，该县有许多珍珠养殖户和技术人员多年前在外县、外省扎下根，承包水面生产珍珠；现有数千“珍珠女”奔走于全国各地的珍珠养殖区从事有核珍珠养殖中关键技术——核片接种工作，人才外流外用现象严重，县内珍珠养殖加工步履维艰，珍珠养殖面积目前仅有2000～3000亩，远没有恢复到1995年3万亩的水平。

三、珍珠产业可持续发展的基本思路

众所周知，江西生态环境良好，鄱阳湖地区历来是我国的鱼米之乡，发展珍珠产业有独特的自然资源和人力资源优势。如何在激烈的市场竞争中将珍珠生态资源优势转为产业经济优势，如何在繁荣珍珠产业过程中维护和改善生态环境，也即在生态→资源→产业→经济→富民的推进中选择什么样的发展方式，才能又快又好地做大做强珍珠产业，实现可持续发展，是值得深思的问题。江西珍珠产业发展的总体思路应当是以科学发展观为指导，以鄱阳湖生态经济区发展战略为指针，用“生态经济产业化、产业经济生态化”发展理念，科学规划、指导珍珠产业发展；以市场为导向，以科技为支撑，以创新为动力，努力推进产业化、品牌化、规模化建设，做大做强一批龙头企业和知名企业，提升珍珠产业竞争力；突出生态特色，重视产业增值，发展循环经济，实现江西珍珠产业的可持续发展，努力将江西建成为我国中部地区珍珠产业发展排头兵和全国淡水珍珠养殖加工设计重要基地。

(一)资源产业化

自然资源和社会经济技术资源是珍珠发展的基础和宝贵财富。

江西青山绿水，平原地区尤其是环鄱阳湖地区水资源丰富、水质良好，可以利用优越的水资源条件繁育珍珠，生产优质珍珠。发展经济是鄱阳湖生态经济区建设的客观要求。珍珠产业发展应依据珍珠养殖、珍珠加工具有前向、后向关联的特点，从珍珠生产的产前、产中、产后各个方面，不断拓宽、拉长、连接相关产业，纵深开发利用既有的优势资源和条件，全方位地发展珍珠主导产业和配套产业，打造珍珠养殖大省、珍珠加工强省。

(二)生产生态化

江西优美的生态环境是该省珍珠产业发展的难得的竞争优势，应当开发好、利用好，同时要保护好、美化好，这也是鄱阳生态经济区建设的目标要求。珍珠发展应有生态意识，高度重视生态安全问题。通过珍珠生物链，循环利用珍珠生产资源及其副产品，减少珍珠生产垃圾。充分利用珍珠资源可以循环开发的特点，不断提高珍珠资源的再生率、修复率、利用率、产出率，降低下脚料和废物的废弃率，还珍珠生产区一个优美的环境。

(三)产业多元化

珍珠产品种类多样，既有有核珍珠、无核珍珠之分，大珠、小珠之分，也有珍珠粉、珍珠项链等等之分，不仅如此，围绕珍珠养殖加工还能衍生鱼类生产、作物生产、贝类加工，有多种多样的较高附加值的副产品。因此，发展珍珠生产，应当有多品化、多元化的发展意识。实行多元化发展策略，有利用于拾遗补缺，充分利用资源，拓宽珍珠产业增收渠道，增强珍珠产业发展后劲。

（四）品牌国际化

树立品牌意识，打造知名品牌是江西珍珠扩大影响力，提高竞争力的必由之路。江西珍珠经过近几十年的发展，诞生了“万年春”、“佳露碧”、“鄱湖明珠”等一系列品牌，都昌成为“中国淡水珍珠之乡”，这些都是江西珍珠产业进一步发展的最好名片和巨大无形资产。然而，这些难得的名片和资产，目前还没有充分发挥出应有的效应，其辐射范围和影响区域十分有限，不少还局限于本县、本省，尚没有走向全国，走出国门。品牌等级度越高，知名度越大，价值效应也越大，这是无需争议的客观事实。做大品牌，做强品牌，广泛宣介品牌，实现珍珠品牌的国际化，有利于江西珍珠又快又多又好地走向国内外市场，扩大江西珍珠产业发展空间。

（五）基地规模化

有规模就有效应，就有较强的竞争实力和发展能力。目前，江西的珍珠产业发展还存在较大的分散性，集约度、聚集度不高，有规模、有影响力的珍珠养殖基地和加工基地还十分稀少。要重视生产基地建设，重视规模化养殖、规模化加工，调动一切积极因素，聚集珍珠相关产业，构建珍珠产业“航空母舰”；通过珍珠养殖加工基地的规模效应的扩散，促进周边地区的珍珠产业发展，实现全省珍珠产业的繁荣昌盛。

四、珍珠产业可持续发展的对策

珍珠是一种奢侈品、高附加值产业，在江西有得天独厚的发展条件：一是水资源丰富，鄱阳湖是我国的第一大淡水湖，赣鄱平原地域辽阔,池塘星罗棋布,此乃淡水珍珠发展之胜地;二是生产历史悠久,万年珍珠声名远洋,无形资产价值巨大;三是鄱阳湖生态经济区建设如火如荼,各方支持,八方注目;四是当前原珍珠市场供不应求,扩大生产正逢其时。机不可失,时不待人。应抓住有利时机,积极谋划,营造良好氛围,着力打造区域性特色产业、支柱产业,促进珍珠又快又好地持续发展。

(一)加大引导扶持力度,提升珍珠产业地位

从全省的三大产业乃至养殖业角度看,珍珠或许算不上江西的一个主导产业,只是国民经济中的一个子产业、小小产业,常常被人们所忽视和弱化,但是从区域比较经济发展角度看,只要谋划得当,措施有力,珍珠也能成为一方经济发展中的大产业和支柱产业。浙江诸暨正是利用一颗颗小珍珠做成了大产业,成为全国乃至世界注目的地方,不仅如此,诸暨珍珠发展对区内其他产业和周边地区的辐射效应也是有目共睹的。因此,不应小觑小小的珍珠,况且,江西淡水珍珠有发展优势,有一定贡献力和知名度。应该重视珍珠的发展,支持珍珠的发展。一要加强组织领导。毋庸置疑,珍珠的发展主要靠市场,但是市场不是万能的,在珍珠生产处于萌芽或恢复时,政府的支持作用是不可缺少的。当前,江西的珍珠发展尚在恢复中,产业发展能力还比较脆弱,迫切需要政府的扶助,领导的关心和指导。珍珠生产、供应、流通、储存、销售中有很多的经营单位和服务部门,相互间的关系错综复杂,没有强有力的组织进行协调管理,其发展中的利害关系和障碍因素就难以解决。珍珠生产区应有专门的或相对独立的机构和部门具体负责珍珠生产发展的管理工作,解决珍珠发展中所遇到的带有普遍性的问题。二要搞好规划建设。江西珍珠地域分布广、产业环节多,涉及众多市、县、乡和部门,但统筹不够,各行其是的现象较为普遍,不

仅导致人、财、物不能充分发挥作用，还可能产生重复建设，发生无为竞争，削弱发展。应构建省、市、县珍珠发展规划体系，对全省、全市、全县的珍珠发展搞好规划布局，明确一定时期内的发展方向、目标、任务和重点，纵横衔接，有的放矢，不断推进。三要增加投入，政策倾斜。政策的导向作用对产业经济的发展是很关键的。一方面要增加财政投入，切实解决珍珠发展中的公共基础设施问题，同时适度扶持有发展潜力的珍珠龙头企业和经营大户，充分发挥公共财政"四两拨千斤"的作用，广泛吸引社会资金发展珍珠产业；另一方面要采取积极的金融政策、税收政策、土地政策、科技政策等，充分发挥政策的引导作用，激发人们投资投劳发展珍珠生产的热情。

（二）做大做强产业链，提高珍珠产业增值能力和竞争力

重视产业链发展，延伸拓宽产业链网，实现产前、产中、产后相关产业无缝对接，有利于资源的有效流转和充分利用，减少资源浪费；有利于节省产业运行各环节经营成本，降低单个产品的生产经营成本，获取产品和产业成本比较优势，提高产品和产业增值效果，提高生产经营者收益；有利于结成产业联盟，提高市场抵御能力，减弱、分摊产品生产经营风险，增强市场主动权和话语权。围绕珍珠产品的生产可以衍生许多产业链，江西应尽最大努力做大、做优、做强珍珠产业链，做好产前、产中、产后衔接工作，降低运营成本，提高产品附加值，增强产业整体竞争能力。一是加强珍珠养殖和加工基地建设。要有计划、有目的地将珍珠生产和加工的各种资源，置入有生产基础、开发潜能和发展水平的地区，使这些地区优势更加突出，后劲更加坚实；改变适宜地区"小而全"的生产方式，突出珍珠养殖和加工专业化特色，形成"一村一品、一乡一业"乃至"一乡一品、一县一业"发展格局，打造国

内外知名的珍珠养殖基地、珍珠供应基地、珍珠加工基地。二是努力培植珍珠养殖加工龙头企业。要加大资金、技术扶持力度，做大做强现有珍珠龙头企业，使之尽快成长为国家或省级龙头企业；尽力扶持珍珠养殖、加工大户发展，在资源分配和基地建设给予倾斜，使其尽快扩大生产经营规模，发挥区域性骨干带头作用；积极推介好项目、大项目，引进省外大企业、大公司，借助他们的技术优势、管理经验和市场知名度，开发珍珠产品，带动本省珍珠企业发展。三是扩大规模化、标准化生产。要研究和落实珍珠标准化生产，严把养殖、加工、贮运质量关，提高珍珠产品品质；要通过转包、出租、入股等方式，加快水域经营承包权流转，满足珍珠专业化、规模化生产要求；要通过合并、兼并、入股、重组等方式，壮大珍珠企业规模和实力，营造全国知名企业和大品牌。四是完善利益联结机制，强化产业链组织建设，充分调动珍珠产业链各主体积极性。五是打破条块格局，突破地区、行业界限，构建珍珠产业链经营管理有效机制，增强珍珠产业发展活力。

(三)增强产业循环和生态补偿意识，促进珍珠产业与生态协调发展

经济与环境存在竞生关系，实现经济发展与环境保护的良性循环，既有利于生态环境的修复、改善，有利于生物资源的再生、增产，又可扩大资源开发利用渠道，拓展经济发展空间，提高经济效益和生态效益。珍珠产业与生态存在许多相互促进、相互制约的循环链，注重珍珠产业与生态共生，促进珍珠生态产业良性发展，既是珍珠可持续发展的必然要求，也是江西“科学发展、绿色崛起”的客观要求。为此，首先要重视珍珠生态产业循环链构建，积极发展循环经济，减少资源浪费，不任意践踏、恶化生态环境；尽最大能力控制珍珠产区污染源，防止污染物的流出和扩散，维护和改善珍珠产区生态环境。其次要建

立生态补偿机制，加大生态补偿力度。发展珍珠生态产业链，虽然可以降低成本，增加附加值，提高珍珠生产经营者收益，但是受保护、美化生态环境所限，其发展是要付出机会成本的。维护江西“青水绿水”，保护鄱阳湖“一湖清水”是江西人民的共同责任，也是长江中下游地区和周边省市的殷切期望。一方面，要开展珍珠加工增值利润返还工作，让高附加值产品珍珠加工业补助生产比较效益偏低和环境保护最前端的珍珠养殖业；另一方面，要积极争取中央财政及良好生态相关受益地区资金支持，补偿珍珠产区在保护生态环境中所作的贡献。

（四）强化人才建设和技术开发，提高珍珠技术含量

科学技术是第一生产力，高新技术可以提高珍珠养殖产量，改善珍珠品质，开发珍珠名优新品种，提高劳动生产率、资源产出率和产品附加值；忽视科技的作用，珍珠产能和效益难以提高。就科技而言，要加强珍珠养殖技术和加工技术研发，多层次、多渠道引进国内外先进技术，储备、应用珍珠高新技术，改造传统技术和工艺，开发适销对路产品，发展珍珠新产品、高技术产品、高质量产品；鼓励大专院校、科研院所通过技术咨询、培训、转让、入股、承包等方式，参与珍珠产业发展。应当强调的一点是江西要特别关注珍珠工艺设计水平的提升和珍珠创意产业的发展，因为相对而言，江西的珍珠养殖技术是比较成熟的、先进的，大量的珠农行走全国各地，被外地珍珠养殖户聘用，佐证了这一点；可是江西的珍珠加工技术比较落后，工艺设计理念不够新潮，原珠增值不多，要将珍珠的加工设计技术作为江西珍珠技术一个关键方面，重点抓好，着力提升。就人才而言，人才是科技的重要载体，有珍珠养殖、加工、营销人才，才有珍珠事业的繁荣和发展。要加

强珍珠人才的培养,留住本地人才,引进高技术人才,抓好珍珠技术研发人才、珍珠产业经营管理人才和珍珠养殖加工能手三支队伍建设,尤其要抓好企业家队伍建设。企业家不仅是商人,更是人才,是珍珠养殖加工企业快速成长和持续发展的核心力量。当前江西珍珠产业发展最大的软肋在于会经营、善管理的企业家太少,以至于大量的珍珠资源没有得到充分开发和利用。因此,要采取脱产学习、挂职锻炼等方式,大力培育珍珠养殖、加工企业家,关心他们的成长,解决他们置业、创业的后顾之忧。通过一大批珍珠企业家的追求和奋斗,不断扩大珍珠发展规模,加快技术进步,夯实珍珠发展实力,持续做大做强珍珠产业。

(本文原载于《江西财经大学学报》2011 年第 6 期,收录此处略有改动和补充。)

主要参考文献

[1]张永滨. 珍珠[M]. 北京:海洋出版社,1984.

[2]张元培. 淡水珍珠养殖技术[M]. 长沙:湖南科学技术出版社,1982.

[3]吴宗文,曾和期,江述秋. 珍珠养殖[M]. 成都:四川人民出版社,1981.

[4]吴县水产局珍珠组. 河蚌育珠[M]. 江苏科学技术出版社,1979.

[5]张莉. 中国珍珠产业振兴研究[M]. 北京:中国经济出版社,2004.

[6]曹昌,喻向阳. 中国珍珠业陷入"高产低值"沼泽[J]. 中国经济周刊,2006(26).

[7]真珠. 漫话珍珠史[N]. 中国矿业报,2002-10-30.

[8]Mimi. 珍珠之父——御木本幸吉. 中国黄金珍宝,2005(4).

[9]陈立民,吴人坚,戴星翼. 环境学原理[M]. 北京:科学出版社,2003.

[10]吴义生. 环境科学概论[M]. 北京:当代世界出版社,1999.

[11]刘秀珍. 农业自然资源[M]. 北京:中国农业科学技术出版社,2006.

[12]皮广洁. 农业资源利用与管理[M]. 北京:中国林业出版社,2000.

[13]吴殿廷. 区域经济学[M]. 北京:科学出版社,2003.

[14]潘学标. 经济地理与区域发展[M]. 北京:气象出版社,2003.

[15]张嫚. 经济学[M]. 北京:经济科学出版社,2004.

[16]尤小文. 农户经济组织研究[M]. 长沙:湖南人民出版社,2005.

[17]A.恰亚诺夫著,萧正洪译,于东林校. 农民经济组织[M]. 北京:中央编译出版社,1996.

[18]朱希刚. 我国农业科技进步贡献率测算方法[M]. 中国农业出版社,1997.

[19]张根芳,方爱萍,叶秋红. 我国淡水珍珠养殖业的主要问题及对策[J]. 科学养鱼,2008(5).

[20]关于禁养限养珍珠和规范水产养殖的意见. hbagri. gov. cn,2007-8-30.

[21]常德市政府督查汉寿县珍珠压减工作. 湖南养殖网,2010-8-13.

[22]徐毛喜. 探讨中国淡水珍珠产业可持续发展措施[J]. 科学养鱼,2012(2).

[23]闫玉科. 广东南珠产业可持续发展路径研究[J]. 农业经济问题,2011(3).

[24]李飞星,杨伟文. 珍珠产业国际竞争力比较研究[J]. 农业经济问题,2010(11).

[25]王海华,丁文军,金霞,江新川. 江西省珍珠产业发展研究[J]. 中国渔业经济,2012(5).

[26]洪一江,曹小秋,王军花. 我国珍珠产业体系关键技术与可持续发展分析[J]. 中国水产,2011(6).

[27]钟契夫. 经济计划方法[M]. 北京:中国人民大学出版社,1986.

[28]冯文权. 经济预测的原理与方法[M]. 武汉:武汉大学出版社,1986.

[29]尹昌斌,周颖. 循环农业发展理论与模式[M]. 北京:中国农业出版社,2008.

[30]陈劲,张高亮,陈中,杜坤林. 基于全球价值链的珍珠产业升级机制研究——以诸暨市珍珠产业为例[J]. 农业经济问题, 2007 (2).

[31]张莉,冯荣坤. 加强资源环境保护,促进南海珍珠产业可持续发展[J]. 生态经济,2006(5).

[32] 余达锦, 胡振鹏. 鄱阳湖生态经济区生态产业发展研究[J]. 长江流域资源与环境,2010(3).

[33] 温锐,杨丽琼,曹国新. 鄱阳湖生态经济区建设与江西旅游业发展新契机[J]. 江西财经大学学报,2010(2).

[34] 郭际. 在鄱阳湖生态经济区发展甜叶菊绿色生态产业的优势及对策[J]. 老区建设,2009(12).

[35] 廖进球,吴昌南. 关于生态产业发展的几点思考[J]. 当代财经,2010(12).

[36] 戴银根,罗 洁. 中国淡水珍珠产业现状与对策研究[J]. 中国水产,2006(7).

[37] 陈蓝荪,李家乐. 中国珍珠产业市场结构分析与发展对策[J]. 中国水产,2010(12).

后记

珍珠是人人珍爱的物品，它在珠宝界、贵重物品界的地位不言而喻。我国珍珠采集和养殖的历史源远流长，属于世界珍珠生产第一大国。研究珍珠养殖业的发展是一件十分有意义的事情。

2009 年，我们受南昌大学洪一江教授邀请，参与到国家公益性行业（农业）科研专项《珍珠养殖技术与示范》的研究中来，着重从产业经济的角度探讨珍珠养殖问题。本书就是该项目研究的成果之一。

本书从开题到完稿历经近五年时间，在文献收集、数据采集、资料分析以及文章撰写过程中，得到了众多单位和人士的关心与支持，得到了许多领导、同仁和亲友们的关怀与帮助。这里特别要提及的是：项目组首席专家洪一江教授，是他的热心与真情将我们引入这一研究领域，并自始至终加以指导；江西省农业厅渔业局专家黄滨、抚州洪门水库专家徐毛喜、湖南文理学院专家王文彬、都昌县水产局专家刘述礼和曹春玲、万年县水产局专家吴凡和饶品发等在数据采集方面给予的大力协助；项目组专家刘其根、王岩、谢绍河、张根芳、喻达辉、顾若坡、余祥勇、闻海波、王军花、杨品红、邱齐骏等提供的宝贵素材和见识；有关领导、专家和实际工作者对我们调研的积极配合和大力帮助；

主产区珍珠养殖户、养殖场对珍珠养殖经营数据的无私奉献！此外，在研究写作中，我们还参阅了大量的国内外资料、前人的研究成果和数据资料，丰富和充实了本书的内容。由于各种原因，我们难以或不能将他们的姓名和单位一一列出，我们在此致以诚挚的感谢！

在这五年里，我们在研究中学习，在学习中研究，受益良多，不仅丰富了珍珠理论知识，对珍珠养殖有了更深一步的认识，而且拓展了学术交流面，在社会科学与自然科学融通研究方面有了更进一步的提升。这些收获，如果没有领导的厚爱、同仁的支持以及有关单位和同志的帮助，是不可能获得的。在此，对于他们的无私奉献，我们再次深表谢意！

本书由刘修礼研究员主笔，魏琳编审审定，查大元高级工程师参与问卷调研，潘燕萍老师参与数据整理分析工作。

在本书编辑出版中，江西人民出版社编审游道勤给予了大力支持，编辑万莲花付出了辛勤劳动。在此，我们一并表示感谢！

由于学识有限，时间有限，书中必有不妥之处，恳请读者批评指正，以期今后在这一领域作进一步的研究。

作者

2013 年 12 月 10 日

图书在版编目(CIP)数据

珍珠养殖环境资源效应研究 / 刘修礼，魏琳，查大元著. —南昌：江西人民出版社，2014.4

ISBN 978-7-210-05308-8

Ⅰ. ①珍… Ⅱ. ①刘… ②魏… ③查… Ⅲ. ①珍珠养殖-环境资源-研究 Ⅳ. ①S966.23

中国版本图书馆 CIP 数据核字(2014)第 081679 号

书名:珍珠养殖环境资源效应研究
作者:刘修礼　魏琳　查大元
责任编辑:万莲花
封面设计:游珑
出版:江西人民出版社
发行:各地新华书店
地址:江西省南昌市三经路 47 号附 1 号
编辑部电话:0791-86898650
发行部电话:0791-86898815
邮编:330006
网址:www.jxpph.com
E-mail:jxpph@tom.com　web@jxpph.com
2014 年 5 月第 1 版　2014 年 5 月第 1 次印刷
开本:787 毫米×1092 毫米　1/16
印张:10.5
字数:131 千字
ISBN 978-7-210-05308-8
赣版权登字-01-2014-111

定价:23.80 元
承印厂:江西嘉欣印务有限公司